大美黄山自然生态名片丛书

The Smart Birds in Huangshan

灵动的黄山鸟类

林清贤　王海婴　编著

U0185355

大美黄山自然生态名片丛书编委会

（以姓氏笔画为序）

主　　编：汤书昆　吴文达
执行主编：杨多文　黄力群
编　　委：丁凌云　万安伦　王　素　尹华宝　叶要清　田　红
　　　　　李向荣　李录久　李树英　李晓明　杨新虎　吴学军
　　　　　何建农　汪　钧　宋生钰　林清贤　郑　可　郑　念
　　　　　袁岚峰　夏尚光　倪宏忠　徐　海　徐光来　徐利强
　　　　　郭　珂　黄　寰　蒋佃水　戴海平

北京时代华文书局

图书在版编目(CIP)数据

灵动的黄山鸟类 / 林清贤，王海婴编著. — 北京：北京时代华文书局，2021.12
ISBN 978-7-5699-4463-1

Ⅰ．①灵…Ⅱ．①林…②王…③巩…Ⅲ．①黄山－鸟类－介绍Ⅳ．①Q959.708

中国版本图书馆 CIP 数据核字(2021)第 243413 号

灵 动 的 黄 山 鸟 类
LINGDONG DE HUANGSHAN NIAOLEI

编 著 者｜林清贤　王海婴

出 版 人｜陈　涛
选题策划｜黄力群
责任编辑｜周海燕
特约编辑｜乔友福
责任校对｜凤宝莲
装帧设计｜精艺飞凡
责任印刷｜訾　敬

出版发行｜北京时代华文书局 http://www.bjsdsj.com.cn
　　　　　北京市东城区安定门外大街 138 号皇城国际大厦 A 座 8 楼
　　　　　邮编：100011　电话：010－64267955　64267677
印　　刷｜湖北恒泰印务有限公司，027－81800939
　　　　　(如发现印装质量问题,请与印刷厂联系调换)
开　　本｜710mm×1000mm　1/16　　印　张｜8　　字　数｜140 千字
版　　次｜2022 年 5 月第 1 版　　　印　次｜2022 年 5 月第 1 次印刷
书　　号｜ISBN 978-7-5699-4463-1
定　　价｜48.00 元

前　言

　　黄山是我国国家级风景名胜区，是中华壮丽山河和灿烂文化的杰出代表，以"奇松""怪石""云海""温泉""冬雪"之绝被世人誉为"人间仙境""天下第一奇山"。凭借丰富的自然资源和深厚的文化底蕴，黄山跻身世界级风景名胜区之林，先后获得联合国教科文组织"文化与景观保护管理国际荣誉奖"、世界旅游业理事会"目的地管理奖"、亚太旅游协会"旅游业社会责任奖"、世界优秀目的地中心"世界优秀景区目的地"。2014年，黄山被世界自然保护联盟（IUCN）评选为首批"全球最佳管理保护地"，这是黄山在资源与环境保护以及可持续发展成就方面取得的又一项国际荣誉。

　　黄山自然条件优越，地处亚热带季风气候区，具有独特的地质地貌条件和丰富的生物多样性，生态系统稳定平衡，生境类型多样，植物群落完整，景区森林覆盖率为98.29%，为各类野生动物提供了理想的栖息地和繁殖场所。鸟类是黄山生态系统中最活跃、最引人注目的组成部分。自2015年起，厦门大学鸟类研究团队和黄山风景区在黄山市开展鸟类资源调查，共记录鸟类185种。笔者在长达3年的调查过程中，切实感受到黄山景色之"大美"，黄山生灵之"灵动"，感触颇丰，恰应黄山风景区管委会要求，将黄山部分代表性鸟类做详细之介绍、科普，连同拍摄的照片一并整理成册，供博物爱好者、观鸟人、鸟类摄影爱好者参考使用。

　　本书选取黄山市三县三区范围内6种常见生境类型作为6章的主题，每章介绍4种鸟类，内容包括该鸟种的形态特征、生态习性、分布状况、保护级别等，也延伸至和该鸟种相关的在黄山分布的其他鸟类。紧跟当前政策动态和社会热点，兼顾地方鸟类特色与趣味性，以生动形象、通俗易懂的语言，在认真、严谨的科普同时带给读者轻松、愉悦的阅读体验；另附一个黄山鸟类研学之旅主题方案，旨在为黄山的游客、鸟类爱好者、中小学生自然教育课程等提供黄山市鸟类观察方面的参考资料。希望本书能够带领读者体验黄山鸟类的多姿多彩，感受黄山丰富的生物多样性和生态之美。

由于编写时间相对较短，编者水平有限，本书难免还存在着许多不足之处，恳请读者指正，并提出宝贵意见。

黄山云海宝光（王新来 摄）

目　录

第一章　森林鸟类

　　森林是陆地上生物类群最为丰富的生态系统，其复杂的层次结构为鸟类和其他动物提供了庇护场所、繁殖地以及充足的食物。森林鸟类在黄山记录到的所有鸟类中占大部分，这些鸟类的生存、繁衍以及生活都依赖于森林。

在本章中，你将会认识活泼雀跃的红嘴蓝鹊，了解这种鸟类在中国古代文化中的重要地位；认识一位"森林医生"，它穿着黑白大褂，树木的

任何疑难杂症都难不倒它；认识一位个子小小的猛禽，比我们熟悉的家鸽还要小上一大圈，体形虽小，但它是不折不扣的"食荤者"，甚至有时还会同类相残；认识森林"小闹钟"，它的声音会让你听一次就忘不了，它的体形之小也会让你震惊。

当我们在森林中徒步或游览时，森林总会向我们抛出各种各样的"橄榄枝"，有时是一片树叶，有时是几声鸟鸣，有时是带着温软泥土芳香的微风，只要用心，你也许就能在离家不远的森林或公园中看到本章 4 位主角的身影。

相关链接

鸟鸣　指鸟类能发出音量或大或小、音调或高或低、节奏或快或慢的鸣叫。包括鸣啭和叙鸣两种。鸣啭一般是在求偶期在激素调控下，鸟类发出的一种求偶鸣叫。叙鸣为鸟类日常的叫声，如警戒声、呼唤声等。

第一节 红嘴蓝鹊

一、"护犊"的红嘴蓝鹊

红嘴蓝鹊特征明显，颜色鲜明，体形较大，性格活泼，在野外几乎不会被认错。成年体长51～65厘米，具一长尾；整体以蓝色、黑色和灰白色为主，上体体羽及尾羽多为蓝灰色；下体及翼下白色稍沾灰色；头颈黑色，头顶和尾尖端具白色带或斑；嘴和脚红色；亚成体嘴橙红色。

红嘴蓝鹊饮水

红嘴蓝鹊一般栖息于低山区、平原区的阔叶林、混交林中；广泛分布于林缘地带、灌丛甚至村庄和城市公园等；少见于针叶林的林缘地带及中高海拔地区；杂食

红嘴蓝鹊

拉丁名：*Urocissa erythrorhyncha*；

英文名：Red-billed Blue Magpie；

地方俗名：赤尾山鸦、长尾山鹊。

在分类学上隶属于雀形目鸦科蓝鹊属。

性，植物性食物以果实、种子、浆果为主；取食昆虫、卵甚至小型鸟类，或摄取动物尸体。

红嘴蓝鹊取食动物腐尸

红嘴蓝鹊取食昆虫

红嘴蓝鹊取食植物果实

其常在地面取食，也会在树枝间飞来飞去，滑翔时红嘴蓝鹊呈典型"T台"动作：两翅平伸、尾羽展开，羽毛透过阳光，非常美丽炫目，也使得红嘴蓝鹊成了完美的鸟类摄影素材。

飞行中的红嘴蓝鹊

在黄山，红嘴蓝鹊为广泛分布的优势种。南大门至温泉酒店一带、谭家桥、浮溪、石门峡及黄山主景区都有不少记录。

红嘴蓝鹊繁殖时在树木的侧枝或高大粗壮的竹林上筑一个碗状巢，巢材主要选择枯枝、枯草、干苔藓以及须根等，巢的内部也做了贴心的"软装"，会衬上柔软的细草茎和须根。虽然外观上看起来比较粗糙，但是也算得上是一个温馨的小家了。完成"装修"后雌鸟即开始产卵，窝卵数一般为 3～6 枚。雌雄亲鸟会轮流孵卵，尽职尽责。在繁殖期，红嘴蓝鹊父母会变得更加有攻击性，防御性极强，一旦发现有可能威胁宝宝生命的其他生物进入它们心目中的"安全范围"，便会马上主动发起攻击，甚至还会攻击人类。所以，如果看到正在孵卵的红嘴蓝鹊或其他鸟类，最好的建议就是远离这些"护娃心切"的父母，避开打扰它们安心繁育下一代的环境。

红嘴蓝鹊幼鸟

雏鸟为晚成鸟，出壳后，亲鸟还要继续喂养一段时间，幼鸟才能独立生活。

相关链接

雏鸟 指刚出壳后尚不能独立生活的幼小鸟类，一般全身裸露或体覆绒羽。

成鸟 指具备繁殖能力的鸟类。

二、盘点"黄山蓝"

如果在黄山中寻觅色彩，你会看到云之白、山之黛、松之翠、叶之火。当然，黄山对于色彩的运用一定不止于此，我们就由红嘴蓝鹊作为"黄山蓝"的代表，一起看看黄山还有哪些"蓝精灵"。

"五岳归来不看山，黄山归来不看岳"，徐霞客在《漫游黄山仙境》中赞美黄山的美丽。不仅世人称赞黄山的奇山异景，号称"中国最美小鸟"的蓝喉蜂虎也流连忘返于此地，每年夏天都会故地重游，返回黄山，在这里养育自己的下一代。蓝喉蜂虎腰、尾羽以及喉部天蓝色，头和上背巧克力褐色，两翅鲜绿色，不仅有鲜明的色彩搭配，还是出色的"跳水健将"，常在开阔的环境活动，停歇在电线之上。如果运气好，你可以看到它们优雅而敏捷的身姿轻盈地掠过水面，捕捉昆虫。

蓝喉蜂虎

蓝翡翠

鸟类如此多姿多彩，肯定不会将自己的颜色桎梏在一种蓝色上，蓝翡翠第一个"表示不服"，并带着自己亮丽华贵的蓝紫色申请出战。蓝翡翠是"小翠"（即普通翠鸟）的近亲，主要以鱼、虾等水生动物为食。栖息于林中溪流以及山脚与平原地带的河流、水塘和沼泽地带。如果想邂逅这种不会被认错的鸟类，去石门峡、谭家桥或新庄碰碰运气吧！

说到林子里的蓝色，就不得不提到铜蓝鹟了，它又是另外一种蓝——铜蓝色，雄鸟除眼呈黑色以外几乎通体铜蓝色，具有非常高的辨识度。我们在黄山主景区内的白鹅岭记录到这个"蓝精灵"，想要欣赏到它可不容易，需要耐心再加

铜蓝鹟

上一点运气。不过，当它们真正出现在眼前时，那种快乐也可想而知，这可能也正是观鸟的乐趣所在吧！

三、古香古色话蓝鹊

红嘴蓝鹊因为出众的外形，自古以来就是中国书画中的常客。现珍藏于北京故宫博物院的明代《桂菊山禽图》就是以红嘴蓝鹊为主角，配以八哥、桂花、秋菊等，暗含"富贵、长寿、君子"等美好的生活愿景，画中的每个因素都尽显吉祥之意。

北京故宫博物院的《桂菊山禽图》

第二节 星头啄木鸟

一、初识星头啄木鸟

星头啄木鸟是体形较小的啄木鸟，体长 14～18 厘米；整体以黑灰色为主，嘴铅灰色，强直而尖呈凿状；雄鸟额至头顶灰色，有时缀有淡棕褐色，具一宽阔的白

星头啄木鸟
拉丁名：*Dendrocopos canicapillus*；
英文名：Grey-crowned Pygmy Woodpecker。
在分类学上隶属于啄木鸟目啄木鸟科。

色眉纹自眼后延伸至颈侧，枕部两侧各具一深红色斑，但甚小；上背黑色，下背和腰白色具黑色横斑；两翅呈黑白斑驳状，下体污白色。雌鸟与雄鸟相似，但枕侧无红色。

星头啄木鸟

星头啄木鸟栖息于平原和山地环境的各种树林中，次生林、城市公园、果园以及村边和耕地中的零星乔木树上均可见，分布海拔高度可达 2500 米。

主要以昆虫为食，偶尔也取食果实和种子。其时常单独或成对活动，但在幼鸟刚出巢时会以家庭为单位活动。多在树中上部活动和取食，偶尔也到地面倒木取食。飞行特征明显：飞行迅速且呈明显的波浪形前进。叫声为尖厉的"ki－kikikirrr…"颤音。

认真啄木的星头啄木鸟

其繁殖期为 4～6 月份。3 月中旬开始配对和相互追逐，边飞边叫。营巢于树洞中，巢位一般距离地面 3～15 米高。窝卵数一般为 4～5 枚，亲鸟轮流孵卵，孵化期为 12～13 天，雏鸟为晚成鸟。

二、黄山松的"私人医生"

黄山无峰不石，无石不松。奇松是黄山"四绝"之首。黄山松是黄山市市树，也是黄山最负名望、最具代表性的松。到黄山的人无不知晓"黄山十大名松"。黄山松生长在海拔 800 米以上，是植物学上一个独立的种类，以其苍劲挺拔的姿态，令人啧啧称奇。然而，黄山松亦有可能受到病虫害的威胁，如黑松叶蜂虫害、微红梢斑螟虫害、线虫病害等。例如，松毛虫在安徽每 5～8 年为一个大发生周期，暴发时可食光马尾松、黄山松针叶，造成树木死亡，并危害人畜安全。这时候就需要森林医生——啄木鸟的鼎力协助。

星头啄木鸟在松树上寻找害虫

　　根据厦门大学鸟类学团队调查结果，目前黄山风景区内常见的啄木鸟还有斑姬啄木鸟、灰头绿啄木鸟和大斑啄木鸟分布。它们消灭树皮下的害虫，如天牛幼虫、吉丁虫、透翅蛾、蝽虫等森林害虫，减少黄山松被病虫害侵扰的风险。另外，啄木鸟凿木的痕迹也可以被细心的护林员作为确定该区域树木是否健康的指示因素。有统计结果显示，一只成年啄木鸟每天可以取食害虫1500只左右，是黄山松名副其实的"私人医生"。

大斑啄木鸟

灰头绿啄木鸟

斑姬啄木鸟

三、鸟界物理学家

笔者在黄山观鸟时看到星头啄木鸟凿木时的样子，它以强劲的喙扯开坏死的树皮，以很高的频率用力地用尖凿状的喙敲击树干，只见树屑翻飞，不多一会儿树干就被凿开一个小孔，啄木鸟便开始享用森林大餐——啄食树干里的害虫。如此从一个树干飞到另一个，反反复复地对病树进行诊断，直到它认为没有害虫可取。这令我们不得不思考一个问题：为什么啄木鸟不会觉得头晕或得脑震荡呢？最新的研究结果显

星头啄木鸟在树枝上停栖

示，啄木鸟不仅是一个高超的森林医生，而且还是一个精通力学定律的"物理学家"，它们的大脑和头骨的生理结构很好地利用了物理定律。

1. 惯性定律

一个正常成年人的大脑重量大概是 1400 克，而啄木鸟的大脑只有 2 克。

凿木时，啄木鸟的头部撞向树干的速度为 24 千米/小时。可以做一个实验：在这个速度下，同时推动一大一小两块果冻撞向墙壁，看看哪个受到的伤害比较大，答案是质量大的。这也同样适用于人类和啄木鸟。

2. 压强定律

相信大家都熟悉人躺在针床上却毫发无伤的魔术，这就是运用了压强的原理，即在受力大小相同的情况下，受力面积越大，单位面积所受压力越小。啄木鸟的祖先在进化过程中充分考虑到了自己的大脑会经常受力这一点，从而进化出独特的头骨结构——大脑大面积紧贴头骨，撞击对于大脑的作用力就分散到了大面积的头骨上。

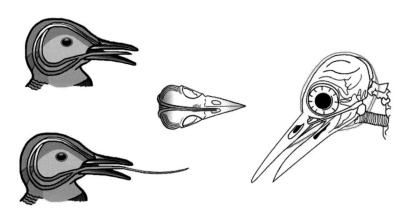

啄木鸟头骨结构示意图

3. 缓冲定律

啄木鸟不仅有一个可以分散冲击力的头骨结构，更奇特的是，它们还给自己的头骨外圈包围了一层柔软且富有弹性的结构来缓冲头骨受到的力，这个结构正是它们的舌头。既起到了缓冲减震的作用，又可以把超长的舌头"收纳"起来，真是在进化史上"物尽其用"到了极致！

我们身边小小的鸟类都是经过漫长的进化和严格的物竞天择而来，它们体形虽小，但每一个物种都有着自己奇特的进化故事，我们不经意之间看到的鸟类的行为，也许具有重大的生态学意义。鸟类不仅是我们观赏的灵动生命，更是引发我们思考的切入点。认识、了解、思考、保护鸟类，应是我们探索鸟类、探索黄山、探索自然的完整过程。

第三节　斑头鸺鹠

一、比家鸽小上一大圈的猛禽

"鸺鹠"（如果不认识这两个字，试试只读它们的左半边）指小型猫头鹰，只要看到这两个字，即代表这只鸟是鸮形目大家族中的"小小"一员。

斑头鸺鹠
拉丁名：*Glaucidium cuculoides*；
英文名：Asian Barred Owlet；
地方俗名：小猫头鹰、横纹鸺鹠。
在分类学上隶属于鸮形目鸱鸮科鸺鹠属。

斑头鸺鹠为体形较小的鸮类，体长约 24 厘米。它有多小呢？想象一下我们熟悉的家鸽，它们的体长在 30 厘米左右，而这个猛禽还要比家鸽小上一大圈！斑头鸺鹠整体遍布棕褐色横斑；头颈和整个上体，包括两翅表面暗褐色，密被细狭的棕白色横斑；下体几乎全褐色，具红褐色横斑；眉纹白色；无耳羽簇；尾黑褐色，具显著白色横斑和羽端斑，尾下覆羽纯白；头顶横斑更为细小而密，其学名也来源于此；幼体上体横斑较少，有时几乎纯褐色，仅具少许淡色斑点。

斑头鸺鹠

斑头鸺鹠栖息于原始阔叶林和混交林、次生林，也常光顾庭院、村庄、农田附近的疏林和树上，主要为海拔在 2700 米以下的开阔地带。以小型动物为食，例如鼠类、青蛙、蜥蜴、小蛇或大型的昆虫，如甲虫及蚱蜢等。作为猛禽，虽然体形不占优势，但是凶猛的气势不能丢，有资料记录表明，斑头鸺鹠会捕食包括同类在内的鸟类，甚至与自己同体形或大于自己体形的猎物！

斑头鸺鹠在树枝上停栖

它们通常单独或成对活动，常从停栖处做波浪状飞行，主要为夜行性，但也会在白天活动。晨昏时活跃，常发出欢快的颤音"wowowowowowowowowo"。

斑头鸺鹠具有"领地意识"，每只都有自己管辖的领地，会通过鸣叫宣示自己对领地的"主导权"。

斑头鸺鹠捕食蛙类

在世界范围内，斑头鸺鹠分布于印度、尼泊尔、中国、不丹、缅甸、泰国、中南半岛、马来西亚和印度尼西亚；在中国，分布于甘肃南部、陕西、河南、安徽、四川、贵州、云南、西藏、广西、广东、海南和香港；在黄山进行鸟类调查时，我们在石门峡、宏村记录到斑头鸺鹠，该鸟在黄山属于罕见鸟种。但事实上，斑头鸺鹠的野外数量并不在少数，不易被发现的原因一是其本身的颜色和树干的颜色相似，且鸺鹠本身不喜动，静止站在树枝上很难被肉眼察觉到；其次是鸺鹠为夜行性的鸟类，白天并不活跃，和人类世界刚好相反，在我们进入梦乡时，才是这些"暗夜精灵"的"猎杀时刻"。

斑头鸺鹠繁殖期在 3～6 月份。通常营巢于树洞或天然洞穴中。窝卵数一般为 3 至 5 枚不等。由雌性亲鸟单独承担整个孵化的过程，孵化期为 28～29 天。雏鸟为晚成鸟，需要亲鸟喂养一段时间后才可离巢。

二、斑头鸺鹠的"亲戚"

鸺鹠属其实并不能算得上是一个"大家庭",目前在世界范围内,只有 13 个成员;而在中国仅有 3 种分布:分别是花头鸺鹠、斑头鸺鹠和领鸺鹠。

鸺鹠属在鸮形目鸟类中体形均较小,斑头鸺鹠在鸺鹠属中体形最大。在黄山,还住着斑头鸺鹠的"近亲"——领鸺鹠,它们在国内的分布区域与斑头鸺鹠基本上重合,领鸺鹠的体形更小,只有 14～16 厘米,比一只麻雀大不了多少,在树林里也更不易被人察觉。领鸺鹠的叫声极具"号召力",一旦其他鸟类(多为一些体形较小的鸟类)听到领鸺鹠的叫声,便纷纷循着声音的方向赶过来,你以为是它们要一起愉快地"派对"吗?错了!它们是来驱逐领鸺鹠的。可怜的领鸺鹠因为自己体形太小又爱鸣叫,简直是"鸟在树上站,祸从天上来"。花头鸺鹠在我国境内消失多年,2017 年才在东北某地重新被发现,历史上其分布于我国的东北部及新疆北部地区。

领鸺鹠正面观　　　　　　　　　　　　领鸺鹠背面观

三、从"神鸟"沦为"恶鸟"的"倒霉蛋"

在古代,把猫头鹰封为"神"的朝代不在少数,例如商朝时期,鸮鸟被尊称为"神鸟"。商朝人有崇拜鸟的习惯,猫头鹰作为鸟类中外形与众不同的一类,受到了当时人们的推崇,以至于商代的古墓中出土的很多器物外形都与猫头鹰有关。另外,当时的人们认为猫头鹰是战神鸟,拥有很高的地位。但是到了商朝以后,猫头鹰的身份地位莫名其妙地发生了 180°大转弯,跌下神坛,变成了人们口中的"恶鸟"。古人将鸺鹠看作是"夜行游女",认为它们喜欢在婴儿身上作祟。大家应该都听说过这样一句民间俗话:"夜猫子进宅,无事不来。"这里的"夜猫子"指的就是猫头鹰。有的迷信思想认为,看到猫头鹰或听其鸣叫都是不祥的预兆,意味着家里有亲人去世或遭到灾难。

实际上，并没有科学的证据证明猫头鹰和不好的事物之间存在必然的联系。相反，它们有着圆溜溜的眼睛，身型浑圆，是"可爱""萌"的代名词。因为之前对于猫头鹰的种种误解，人为的捕杀致其种群数量下降，加之物种本身的警觉和隐蔽，能够在野外看到它们更是难上加难。当前的"观鸟界"中，

考古出土的猫头鹰外形器物

在野外看到猫头鹰是一件非常令人开心和振奋的事情，记录到一种少见的猫头鹰足以令其他"鸟人"羡慕至极。

在黄山，我们在宏村近距离地记录到了斑头鸺鹠，它并没有惊慌和飞离，这也从侧面反映了黄山人民爱鸟护鸟、人与自然和谐相处的一面。相信黄山的绿水青山，能够留住更多的"黑暗中的精灵"，让大山的夜晚不再孤单。

黄山宏村的斑头鸺鹠

第四节　棕脸鹟莺

一、林中"小闹钟"

棕脸鹟莺为色彩亮丽而有特点的莺，小巧玲珑，体长不到 10 厘米。名字很好地突出了它的特点——棕脸：头、脸棕黄色。其具两条黑色侧冠纹；上体橄榄绿色，下体灰白色，胸前具淡黄色不规则胸带；喉中间黑色、两边白色；尾橄榄绿色。

低调的棕色搭配柔和的橄榄绿色，使得棕脸鹟莺在林中成为一个"靓仔"。所以，如果你不擅长使用色彩，那就多观观鸟吧，看看大自然在色彩运用上的鬼斧神工。

棕脸鹟莺通常栖于海拔 2500 米以下的常绿林及竹林密丛中，低山丘陵地带的常绿阔叶林、针叶林、竹林都是它们喜欢的生境，多在林缘活动。单独或成对活动，偶尔也会结成小群，但不是和

棕脸鹟莺正面观

同类，而是和其他小鸟混群一起活动。性机警，所以在野外比较难见到，经常是"只闻其声，不见其鸟"，这时就要耐心等待，也许它就混在附近的"鸟浪"中慢慢向你接近呢。体形虽小，但它是完全的"食荤者"，以昆虫为主食，毛虫、蝗虫、甲虫、蚱蜢、蜘蛛等都是它们的最爱，也吃其他无脊椎动物性食物。

棕脸鹟莺藏匿在林中

在黄山，棕脸鹟莺属于常见鸟种，对山林比较依赖，偏爱的生境一般远离人类的活动场所。所以要看到它们，还需要到森林中去。在黄山主景区内步道及光明顶等地区有不少记录。

繁殖期善鸣唱，鸣声清脆似一串铃声，一直重复；活跃，单独或成对活动，频繁地在树枝间飞来飞去。有人用相机记录到棕脸鹟莺会收集干枯的草叶、草茎来作为巢材。

二、"铃铃铃"你有来自黄山的电话待接听

说到棕脸鹟莺，就不得不提到它们那委婉柔美又富有特点的鸣声了。想象一下用世界上最柔和的音调作为闹钟的声音。棕脸鹟莺声似"铃、铃、铃……"，虽柔和却不失穿透力，总能在第一时间宣告自己的存在。

春天的黄山万物复苏，不仅小鸟开始进入繁殖期，黄山风景区内的花卉也竞相绽放，从 4 月开始，国家珍稀濒危植物黄山木兰首先在黄山之巅绽放，向黄山中所有的生灵昭告春天的到来。万物苏醒，春意来袭，风景区内的蜡瓣花、岩柃、海棠、黄山杜鹃（满山红、映山红）、水马桑、黄山蔷薇等花儿开放。这个时候是棕脸鹟莺和其他森林小鸟最快乐的时候，它们穿梭在黄山

的绚丽中，从一根树枝滑到另一根，从一朵花瓣悬到另一朵。不仅完成了养育下一代的使命，也在这个过程中帮助了植物传粉，自然法则在黄山的野性荒野中得到了

棕脸鹟莺

拉丁名：*Seicercus albogularis*；

英文名：Rufous-faced warbler。

在分类学上隶属于雀形目鹟科鹟莺属。

体现和验证。所以，如果在繁忙的生活和工作之余偶有闲暇，来黄山看山听水、赏花观鸟是再好不过的选择。

三、小身材的大盘点

棕脸鹟莺的体长不到 10 厘米，这是什么概念呢？成年人张开大拇指和中指，两端的距离一般为 20 厘米。这个长度的一半就是一只"五脏六腑俱全，活蹦乱跳"的棕脸鹟莺的长度。我第一次在野外见到棕脸鹟莺，因为还隔着一定的距离，只感觉像是一只大甲虫在树枝间飞，完全想象不到那是一只鸟。其实，身材在 10 厘米以内的鸟类不在少数，黄山就有不少，今天我们就来盘点一下吧！

首先不得不说栗头鹟莺，光从名字上推测，它应该是棕脸鹟莺的近亲。这两个家伙在外形上很相似，在分类学和遗传学上都隶属于雀形目鹟科鹟莺属。它的体长和棕脸鹟莺差不多，在 9～10.5 厘米。

接下来的这个鸟类相信大家都不太熟悉：小鳞胸鹪鹛。江湖人称"小卤蛋"，获得这个外号的原因是它身材浑圆，尾极短，体色茶褐色为主，

栗头鹟莺

并且点缀着不少棕黄色斑点，非常像一颗腌入味了的"卤蛋"。小鳞胸鹪鹛常在地面活动翻找食物，叫声特殊，和棕脸鹟莺属性相似：听得到但不容易看到。如果你真的在黄山看到了它，那真是运气爆棚了。

红头长尾山雀绝对是黄山最可爱的"小不点"之一。黑色过眼纹和喉部的黑斑组合起来使得这种萌萌的小"肥啾"从正面看起来像是一只张着大嘴巴的老虎，因此，鸟友们给它起了个可爱的外号，称它为"小老虎"；因为整

灵动的黄山鸟类

体棕红和黑色色调浓郁，又像是我国Ⅱ级重点保护动物小熊猫，而被称为"熊猫鸟"。它色彩鲜艳，活泼可爱，成群在林间飞行跳跃、快乐玩耍，而且它不像其他小不点老是躲起来不见人，

小鳞胸鹪鹛

当你在黄山上游玩时如果碰到它，一定会被它吸引。总之，红头长尾山雀就是由许多"可可爱爱"构成的。

萌态百出的红头长尾山雀

黄山的鸟类多样，体形在10厘米左右的鸟类不在少数，如柳莺等。因篇幅有限，我们的盘点暂且告一段落，小伙伴可以根据黄山鸟类名录进行深入的探索。这些小小的精灵身上蕴含着奇特的"魔法"，等着你们去发现。

第二章　高山鸟类

"五岳归来不看山，黄山归来不看岳"。黄山最不缺的就是山。游黄山，可见群峰林立，七十二峰素有"三十六大峰，三十六小峰"之称，主峰莲花峰海拔高达 1864.8 米，高峰与低峰之间的海拔落差使得黄山的植被类型丰富多样，为黄山鸟类的多样奠定了基础。

本章我们将会介绍 4 种可爱的小鸟，它们都生活在黄山海拔较高的森林中，相比于上一章的 4 位主角，想看到它们就需要增加一些难度和耐心。它们有的色彩明快显眼，有的羽色单一暗淡，有的留着"杀马特"的发型，有的把自己吃成了"一颗球"，有的歌声婉转动听，有的鸣声单调细柔但富有特

色。它们都拥有各自的"小心思"和"小脾气",体形不大但都在森林中有自己独特的位置和作用,虽然以消灭森林害虫为己任,但有时也捡拾游客掉落的小零食、小甜品。

准备好从黄山脚下开始向上攀登了吗?那我们就开始吧!

第一节 红嘴相思鸟

一、色彩鲜明靓丽的小鸟

红嘴相思鸟色彩艳丽，体长 13～16 厘米；嘴为鲜艳的赤红色，眼睛虹膜为褐色，脚为黄褐色；头顶黄绿色，眼睛周围淡黄色，耳羽

相关链接

红嘴相思鸟
拉丁名：*Leiothrix lutea*；
英文名：Red-billed Leiothrix；
地方俗名：相思鸟、红嘴玉、五彩相思鸟、红嘴鸟等。在分类学上隶属于雀形目噪鹛科相思鸟属。

浅灰色；喉部和胸部黄色，两翅具黄色和红色翅斑；身体其余部分大致为灰至黑色。

红嘴相思鸟

红嘴相思鸟主要栖息于海拔 1200～2800 米的山地常绿阔叶林、常绿落叶混交林、竹林和林缘疏林灌丛地带。在黄山主要分布于海拔较高的森林生境，

但在冬季由于山上天气寒冷，食物缺乏，它们会到海拔较低的山下活动，具有季节性垂直迁徙的习性。

相关链接

迁徙 指一年中鸟类随着季节的变化，自发而定期地沿相对稳定的路线，在繁殖地和越冬地（或新的觅食地）之间作远距离移动的过程。如家燕就是大家最熟悉的迁徙鸟。

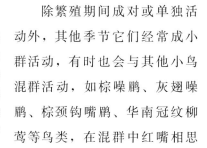

除繁殖期间成对或单独活动外，其他季节它们经常成小群活动，有时也会与其他小鸟混群活动，如棕噪鹛、灰翅噪鹛、棕颈钩嘴鹛、华南冠纹柳莺等鸟类，在混群中红嘴相思鸟有类似组织者的角色，经常通过鸣叫来引导其他鸟，使群体在林中不断地游荡，形成所谓的"鸟浪"。黄山上的红嘴相思鸟可能跟人接触多了，已经习惯与人相处，不怎么怕人，经常会到旅游休息区寻找游客留下来的食物碎屑为食。平时多在树上或林下灌木间穿梭、跳跃、飞来飞去，偶尔也到地上活动和觅食。

红嘴相思鸟在树枝上停栖

它们善鸣叫，尤其繁殖期间鸣声响亮、婉转动听，与画眉的叫声有些类似，常站在灌木顶枝上高声鸣唱，并不断抖动着翅膀，其声似"啼—啼—啼—"或"古儿—古儿—古儿—"，雄鸟鸣唱时常扇动双翅，耸竖体羽，声脆响亮，多变悦耳，音似"微归—微归—微归—微微归""骨里—句，骨里—句"……雌鸟只能发出低沉单一的"吱吱"声。主要以毛虫、甲虫、蚂蚁等昆虫为食，也吃植物果实、种子等植物性食物，偶尔吃少量玉米等农作物。

繁殖期在5—7月份。通常营巢于林下或林缘灌木丛或竹丛中，巢多筑于灌木侧枝或小树枝权上或竹枝上，距地高1～1.5米。呈深杯状，主要由苔藓、草茎、草叶、树叶、竹叶、树皮、草根等材料构成，内垫有细草茎、棕丝和须根。

红嘴相思鸟国外分布于不丹、印度、缅甸、尼泊尔、巴基斯坦和越南等地；在中国分布较广，东至浙江、福建，南至广东、香港、广西，西至四川、贵州、云南和西藏南部。由于羽

"若有所思"的红嘴相思鸟

色漂亮，叫声动听，红嘴相思鸟被世界不少国家作为观赏鸟。

红嘴相思鸟种群数量较丰富。由于该鸟羽色艳丽、鸣声婉转动听，每年被大量捕捉，还出口境外，致使种群数量显著减少。目前红嘴相思鸟已被国家列入《濒危野生动植物种国际贸易公约 CITES》附录 Ⅱ 名单中。

二、黄山市市鸟

市鸟，是城市形象的重要标志，也是现代化城市的一张名片，彰显城市魅力，对于挖掘城市自然资源，改善城市品质，提升城市文化内涵和城市形象，提高城市民众的环保意识，展现城市生态文明，推动城市生态旅游并促进城市社会综合发展等诸多方面都具有积极的意义和作用。我国许多省市为顺应社会发展的需要，满足广大市民和社会各界保护生态环境、保护野生动物、爱鸟护鸟的迫切愿望和要求，加快构建人与自然和谐相处的生态文明社会，提升城市建设的生态文化品位，都把评选市鸟作为提高城市文化品位的重要工作来抓。

2006 年 3 月 31 日，黄山市四届人大常委会审议并通过了《关于市树、市花、市鸟的决定》，确定黄山松为市树，黄山杜鹃为市花，红嘴相思鸟为市鸟，它们均在全民票选中得票最多，具有典型性、代表性和象征性，得到广大市民的公认。

黄山市市鸟——红嘴相思鸟

黄山市的红嘴相思鸟种群数量比较丰富，为高海拔山区的常见鸟类，夏季在山上繁殖，冬季可扩散到海拔较低的林区活动，甚至出现在市郊的公园。

三、闲话相思鸟

自古至今，关于相思鸟的故事很多，通常用相思鸟来表达爱情的忠贞不贰。传说相思鸟一生只爱一次，雌鸟和雄鸟婚配后就形影不离终身相伴，如果一对相思鸟中的其中一只不幸离世，另一只就会绝食而死，这就是相思鸟名字的由来。因此有很多文人都喜欢将相思鸟作为题材写诗，据说白居易《长恨歌》中的"在天愿作比翼鸟，在地愿为连理枝"中的比翼鸟就是指相思鸟，但此说法有待考证。

由于红嘴相思鸟色彩艳丽，体态优美，活泼可爱，也是古往今来许多画家所喜爱的创作对象，在我国传统的花鸟画中经常可以看到它的身影，通常也用它来寄托相思之情。除了画作外，红嘴相思鸟也经常在刺绣、扇面等作品中出现。

2016年的传统节日七夕节当天，中国邮政发行了邮票《相思鸟》，是继

2015年七夕节发行《鸳鸯》邮票之后再次发行爱情主题邮票。《相思鸟》邮票1套1枚，面值1.2元，邮票画面采用中国画工笔重彩的表现形式，图案为一对在梨花间相偎秀恩爱的相思鸟，暗含"成双成对不离不弃"之意，为当代花鸟画名家喻霞设计。发行当日，被誉为

《相思鸟》邮票

"爱情文化圣地"的黄山翡翠谷景区是安徽省内唯一的首发地。

　　在大量文人墨客及画家笔下，相思鸟是爱情的代言人，但相思鸟真的相思吗？大多数画家笔下的红嘴相思鸟基本上是成双成对出现。其实在野外观察到成对出现的并不多，通常在繁殖季节才可能出现，大部分时间它们成小群活动。根据生物学家的研究发现，相思鸟并不重感情，实际上相思鸟并非人们所想的那样专情。相反，这种鸟儿还很"花心"。曾有人做过实验，给不同的相思鸟交换配偶，谁知它们并不排斥，反而很快恋爱起来。在配偶死去之后，再"娶"再"嫁"，与新伴侣开始新的生活。所以说，它们并非相思物，是不是在您心目中的"鸟设"崩溃了？

黄山的红嘴相思鸟

第二节　蓝鹀

一、黄山"小蓝胖"

蓝鹀身材矮胖，体形较小，体长13厘米，和麻雀差不多大小。名字中的"蓝"指的是雄鸟除下腹至尾下覆羽处色白外，通体石板灰蓝色，与英文名中的"slaty"相对应；雌鸟在羽色上和雄鸟差异较大，整体以暗褐色为主，头顶和胸前棕色。蓝鹀的体色在大多以褐色、黑色、白色、红棕色、黄色和灰色为主色调的鹀科鸟类中别具一格，非常具有"个性"，在野外不易被认错。

相关链接

蓝鹀

拉丁名：*Latoucheomis siemsseni*；

英文名：Slaty Bunting；

地方俗名：蓝雀儿。在分类学上隶属于雀形目鹀科。

蓝鹀雄鸟

蓝鸲为森林鸟类，多分布于海拔500～3000米，栖息于次生林及灌丛，但有时也见于沟谷和林缘地带。繁殖期成对活动，平时单独活动，在地上、岩石或灌丛等林中下层觅食。性格好动，在灌丛中跳来跳去，非常活泼，不甚畏人。杂食性，

蓝鸲雌鸟

以植物种子为主食，有时也捕捉昆虫"加餐"。停栖时轻轻弹动尾巴。叫声具典型的鸲类特征：重复的具金属质感的尖声"zick－zick"声。

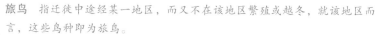

候鸟　候鸟指那些由于季节不同而变更生活场所的鸟。它分为两种：冬候鸟，指冬天在南部较温暖地区越冬，次年春天飞往北方繁殖，而秋天又迁回的鸟，如野鸭，天鹅，大雁等；夏候鸟，指夏天在某地繁殖，秋天飞往南方较温暖的地方越冬，来年春天又返回原地的鸟，如杜鹃，黄鹂等。

留鸟　终年生活在一个地区，不随季节迁徙的鸟。如黄山的棕噪鹛、大山雀、棕脸鹟莺等都属于留鸟。

旅鸟　指迁徙中途经某一地区，而又不在该地区繁殖或越冬，就该地区而言，这些鸟种即为旅鸟。

　　蓝鸲为中国特有种，自甘肃向南到陕西南部和四川西部，华东可达安徽黄山，均有分布。理论上蓝鸲为短距离迁徙鸟类，在陕西南部秦岭、四川北部岷山、四川南部及甘肃南部为繁殖鸟；往东至湖北、安徽、福建武夷山地区及广东北部为冬候鸟。但根据最新的调查结果显示：蓝鸲有一部分种群在黄山为留鸟，一年四季均可见。

蓝鹀雄鸟取食昆虫

蓝鹀雌鸟取食游客留下的零食残渣

　　蓝鹀在黄山的分布情况为：一般分布于海拔 1300 米以上的中高海拔段：从云谷索道上站口至玉屏索道上站口沿途及半山寺位于慈光寺往迎客松的登

山道上常可见。因为经常和游客接触，不怕人，甚至会在垃圾桶或地上捡拾游客投喂的饼干渣等食物——原来不仅只有人类爱吃"零食"，鸟类也喜欢。

虽然蓝鹀是我国的特有种，但对于这种小鸟繁殖生态学的研究还很少。目前除了发现它们在乔木以及灌木丛中营巢以外，其他方面知之甚少。雄鸟和雌鸟是怎么"相识、相知、相爱"的，每巢窝卵数多少，需要亲鸟抚养多久雏鸟才能离巢，离巢的幼鸟独立生活还是留在父母身边一段时间？……这些还都是未知数。黄山的蓝鹀种群相对稳定，是理想的观察和研究对象。这就需要小伙伴们多多观察，认真记录，也许就有许多有趣的发现等着你呢！

蓝鹀育雏

2021年2月5日发布的《国家重点保护野生动物名录》（下文简称《名录》）中，蓝鹀被从之前的"三有"保护动物提升成为国家Ⅱ级重点保护动物。根据IUCN物种红色名录2016年评定的保护等级，虽然蓝鹀野外种群被评定为无危（LC），但是由于其为中国特有种，分布范围相对不广泛，加之受到开垦植被和栖息地破坏的威胁，蓝鹀的保护也需要引起我们的重视。

蓝鹀幼鸟

二、"蓝莓果"与"巧克力球"

蓝鹀雌雄鸟的体色差异很大：蓝鹀雄鸟通体深蓝灰色，类似于蓝莓果的颜色；而雌鸟羽色低调，为纯棕褐色，加之矮胖的身材，像是一颗"巧克力球"。

在鸟类中，这种两性体色不同甚至差异较大的现象比较常见。以在我国分布的鹀科鸟类为例，虽然鹀科鸟类的普遍特点都是以褐色、黑色、白色和棕色、黄色等偏暖偏暗的色调为主，但也不乏"爱美"的鹀类进化出比较靓丽的羽色，如凤头鹀、栗鹀、褐头鹀等。

栗鹀雄鸟　　　　　　　　　　　栗鹀雌鸟

查阅图鉴会发现，它们的共同特征就是雌鸟的颜色明显暗淡于雄鸟。这种现象在雉科动物中更常见，想想我们最熟悉的家鸡，雄性一身艳丽的羽毛、威武雄壮；而雌性则羽色暗淡、平平无奇。在野外也是如此，比如黄山有分布的白鹇、勺鸡、白颈长尾雉、环颈雉等，都是雄性明显"美"过雌性。其背后的原因并不难理解：雌鸟的首要任务是成功孵化后代，孵卵是"鸟生头等大事"，也是一项艰巨且危机四伏的工作。孵化期的鸟类非常脆弱，不仅要时刻防备来自"海陆空"的潜藏危险，还必须时刻给卵保暖而不能离开巢位。特别是对于地面营巢的鸟类来说，外表看起来越"低调"，才越能和环境颜色融为一体而不被天敌发现。

环颈雉雄鸟

环颈雉雌鸟

彩鹬雄鸟带雏鸟

鸟类中也有相反的情况，比如彩鹬，一种体形略小而颜色艳丽的涉禽。不过这一次"颜色艳丽"是形容雌鸟的，雄鸟不仅颜色较雌鸟暗淡，体形也较雌鸟小，这是鸟类中比较少见的"两极反转"。这是为什么呢？在彩鹬的世界中，婚配制度实行一雌多雄制，且由爸爸"带孩子"，孵卵和隐蔽的艰巨任务就交在了雄鸟身上，因此雄鸟当然也要在外表上适当牺牲和转变啦。

三、同家不同命：被"吃"到极危，"鸫鹀"哭泣

说到鹀科鸟类，就不得不说说人尽皆知的"禾花雀"——黄胸鹀。2015

彩鹬雌鸟

年，一篇发表在国际颇具影响力的学术期刊上的论文指出：黄胸鹀，即俗称的禾花雀，由于人类捕杀，已经濒临灭绝。其种群数量自 1980 年以来疯狂下降 90%。起因是有中医理论认为黄胸鹀有滋补强壮的作用，导致黄胸鹀在贸易黑市上"横行"。黄胸鹀野外种群情况每况愈下，国际自然及自然资源保护联盟（IUCN）自 2004 年起将其评定为近危（NT），2017 年升级为极危（CR），距离野外灭绝仅一步之遥。

早在 20 世纪初，旅鸽的悲惨命运就已经给人类敲响了警钟。好在黄胸鹀已经受到社会各界的关注和爱护，《名录》中也将其从"编外"空降为国家 I 级重点保护动物。

在调查过程中，我们在春季的谭家桥附近农田记录到过境的黄胸鹀。黄山环境优美、条件适宜；黄山人民爱鸟护鸟，使得黄山成为黄胸鹀的一片乐土。

黄胸鹀繁殖羽

繁殖羽 部分鸟类在进入繁殖期后会换上颜色更鲜艳、更漂亮的羽毛用来吸引异性，如白鹭在繁殖期会换上洁白而飘逸的饰羽。

第三节 棕噪鹛

一、我不噪，我的歌声很美妙

棕噪鹛为中等体形的噪鹛，体长约 28 厘米。整体以棕褐色为主，两翼红褐色，具黑色和灰色羽缘；头顶栗色，具黑色鳞状条纹；眼圈裸露皮肤蓝色，眼后具黑色；尾红褐色，尾上覆羽红褐色，尾下覆羽白色。

棕噪鹛

棕噪鹛

拉丁名：*Garrulax poecilorhynchus*；
英文名：Buffy Laughingthrush；
地方俗名：竹鸟、八音鸟。在分类学上隶属于画眉科噪鹛属。其属名garrulax拉丁文翻译做中文时为"喋喋不休地说话"之意。噪鹛属的鸟类基本上都善于鸣叫，"噪"字应理解为"善于、喜爱鸣叫"，而不是"发出聒噪的声音"。

棕噪鹛背面观

　　其栖息于海拔1000～2700米的山地森林，但不在高高的树冠上活动，林下植物发达、阴暗、潮湿和长满苔藓的岩石地区较常见。主要以昆虫为食，也吃植物的果实和种子。

它们常单独或成小群活动。性
差怯、善隐藏，黄山上的棕噪鹛可
能是经常和游客接触的缘故，并不
是很畏人，甚至在我们拍摄时距离
甚近。在游客投喂饼干屑、面包屑
时，棕噪鹛也会在旁边等待，伺机
取食（我们并不提倡投喂野生鸟
类，首先这种行为会降低鸟类的警

棕噪鹛取食昆虫

惕性，给居心叵测的人以捕捉和伤害它们的机会；其次，人类的食物中含有
对于鸟类来说过量的盐等，久而久之会对鸟类的生理稳态造成不良的影响）。
时间久了，甚至会定时光顾这个"投喂点"，或在这个点附近成群活动。它们
善鸣叫，其鸣声委婉动听，富有变化，似"呼—果—呼，呼呼"，反复重复之
哨音，像是黄山风景区内的"八音盒"。

棕噪鹛取食饼干屑

棕噪鹛是中国特有种，主要分布于四川、贵州、云南、安徽、浙江、福
建和台湾等地。虽然分布范围比较广泛，但其仅在几个特定的地点有较高的

灵动的黄山鸟类

遇见率，目前仅在黄山风景区、贵州遵义、绥阳、江口、惠水和雷山一带较丰富，其他地区均种群数量稀少。

棕噪鹛同伴之间相互理羽

在黄山景区内的高海拔地区，棕噪鹛可以说得上是比较常见的鸟类，在冬季天气寒冷、食物匮乏时，种群也会下到温泉酒店周边，经常有观鸟爱好者慕名而来，欣赏它们美丽的身姿，聆听它们天籁的鸣唱。

棕噪鹛在低矮的乔木枝丫上筑巢，巢内材料以干燥的树叶、草茎以及草根为主，并衬以白色线状株体形成"巢垫"。窝卵数一般为2～3枚，雏鸟为晚成鸟，由双亲轮流喂养。"恋爱期"的棕噪鹛十分恩爱，两只配对的棕噪鹛会时刻守护在对方身边，互相依偎取暖、梳理羽毛，憨态可掬。

我们在黄山记录到出巢不久的两只亚成棕噪鹛宝宝，整体的羽色偏浅，绒羽还没有完全褪去，已经出落成"小大人"的模样，在树枝上休息时也是紧紧贴着对方，亲鸟在周围不远处活动，时刻照料自己的宝宝，仿佛一个和和美美的"模范家庭"。

在新发布的《国家重点保护野生动物名录》中，棕噪鹛"空降"为我国II级重点保护鸟类。

棕噪鹛幼鸟

二、"八音鸟"——黄山"八音盒"

棕噪鹛有不少俗名,最广为人知的应该是"八音鸟"这个名字。传说它可以发出八个不同的音节而得名。相关记载最早出现在《山海经》中,认为它的歌喉居百鸟之魁。它又被称为"山道士",得天地灵气,吸日月精华,可以在朝阳、夕霞、风花、雪月、阴晴、雨霁等不同时刻唱出不同旋律的歌。

棕噪鹛在黄山松上停栖

郭沫若在游黄山时听到棕噪鹛委婉的鸣唱,非常喜爱,当即赋诗赞曰:"时闻八音鸟,林间音乐师。鸣声谐琴瑟,伉俪世间稀。"这就不得不说到"八音鸟"的来源和一个美丽的爱情故事有关:百鸟大仙的九女儿爱上了黄山脚下一个善良勤劳的穷小伙子,每天陪伴在他的左右,为他唱歌。百鸟大仙得知后非常生气,不准九女儿重返仙界,将她化为一只黄山中的小鸟。八个姐姐得知以后,舍不得自己的妹妹独自生活,也纷纷化作小鸟来陪伴妹妹,她们本就善于歌唱,化为鸟后,学着松涛响,学作泉水鸣,在山水之间不亦乐乎,成为黄山中"八音鸟"的祖先。

《黄山志》记载:"山乐鸟种类有三,其一较鸲鹆稍大,毛色浅赤而黄,腋下如碎锦历碌;其二近似百舌,其声屡迁如弹弦;其三质小而轻,声如铃铎,足耐倾听。"经鸟类学家研究,八音鸟实际包括棕噪鹛、乌鸫和红嘴相思鸟三种。这三种鸟类在黄山均有分布,且均比较常见。它们都善于鸣唱。史料的记载也从侧面反映了黄山不仅有泉水叮咚,瀑布轰鸣,还有生灵婉转,呦呦鹿鸣的一片富饶景象。

棕噪鹛在地面活动

第四节　煤山雀

一、发型酷酷，鸟儿乖乖

煤山雀是以黑、白、灰三色为主的小型山雀"萌禽"。体长 11 厘米，体形短圆，喙呈锥状，尖短而有力。煤山雀最突出的特征就是"刺刺头"——头顶具短羽冠，顶冠后部至后颈白色；两个小白脸蛋

相关链接

煤山雀
拉丁名：*Periparus ater*；
英文名：Coal Tit；
地方俗名：贝子鸟、贝子、背儿。在分类学上隶属于雀形目山雀科。

儿显得整个鸟憨态可掬；下巴、喉黑色；背部灰色，两翼色较深，具两条白点状翅斑；下体白色，两胁沾皮黄。

煤山雀栖息于 3000 米以下海拔较高或较寒冷山地森林，最喜爱针叶林，也出没于次生阔叶林、阔叶林和针阔叶混交林以及竹林中。性活泼，经常在

煤山雀

树枝上跳来跳去，或在树与树之间做短距离飞行。集群活动，喜欢热闹，在取食时也一直"话痨"般地叽叽喳喳叫个不停；喜和其他鸟类混群，如其他山雀或体形差不多的小型鸟类，形成"鸟浪"。杂食性，以昆虫和昆虫的幼虫为食，常见它们在树皮上剥啄昆虫，有时也吃蜘蛛、蜗牛、草籽等食物；黄山的煤山雀不甚畏人，经常到地面取食面包或其他食物的残渣。叫声似尖锐洪亮的"wizi－wizi－wi"声，一直重复。

煤山雀背面观

煤山雀在黄山松上搜寻食物

煤山雀在树干上寻找昆虫

煤山雀取食昆虫

煤山雀取食游客留下的食物碎屑

在黄山，煤山雀主要分布于高海拔区域，如从云谷索道上站口至玉屏索道上站口沿途比较常见，为主景区的优势种。

煤山雀的巢面积虽小但温馨感十足。在天然树洞或土崖和石隙中营巢。巢材以干苔藓、地衣及细草茎为主，内部细心地铺垫上绒毛、兽毛等柔软的材料。巢呈杯状，开口2～7厘米。这样一个温馨的小巢需要煤山雀夫妻俩忙活10天左右才能完成。窝卵数为8～10枚（想一下比麻雀还小的鸟竟然会产这么多卵就觉得吃惊，我完全想象不出这卵有多小）。孵化期 13～14 天，在这期间雌雄亲鸟轮流"值班"守护这些卵，以雌鸟为主，雄鸟会贴心地给雌鸟带回虫子等"小礼物"，仿佛在给雌鸟加油打气。

雏鸟为晚成鸟，要双亲继续喂食照顾 17～18 天才能离巢，但并不是离巢即飞远，学习飞翔是一个过程，小家伙们还要在巢周围、父母身边待上几天，学好觅食和飞行的本领才离开。

煤山雀幼鸟取食面包屑

正在换羽期的煤山雀

二、自己动手，丰衣足食

煤山雀有一项"隐藏技能"——它们会在秋季提前储藏粮食，以度过气温寒凉、食物匮乏的冬季。

黄腹山雀

煤山雀在地面觅食

三、煤山雀和它的姐妹

镇压黄山森林中的害虫，"三座大山"功不可没，让我们掌声有请煤山雀的姐妹大山雀和黄腹山雀闪亮登场！

这三位山雀家族的捕虫专家兢兢业业、埋头苦吃，控制了森林中潜在暴发的病虫害，保护了黄山中珍稀濒危的植物，但是因为本身性格低调，体形又小，很少有人注意到这几位大功臣，所以，今天我们要向大家隆重地介绍，下次见到它们要认出它们哦！

大山雀

大山雀是最常见的一种，分布于景区南大门至温泉酒店一带、浮溪、主景区内从云谷索道上站口至玉屏索道上站口沿途、半山寺吊桥一带、宏村等多处。体形稍大于煤山雀，以黑、灰、白和黄绿色为主；背部带橄榄绿色；也有标志性的"小白脸"；有一道沿胸中央而下的黑带。性活泼，胆大易近人，好奇心极强。冬季常下至低海拔的村庄。

黄腹山雀算是最好识别的一种了——腹部有明显的黄色；具有"小白脸"；背部深灰色稍偏蓝，两翼色与背部相似；幼鸟似雌鸟但色暗，上体多橄榄色。黄腹山雀体形最小，体长仅 10 厘米。在风景区南大门至温泉酒店一带、主景区内的光明顶有调查记录。

三种山雀有时会和其他鸟类混群一起活动，如果你在观鸟的过程中发现了它们中的某一种，千万不要急着离开，也许它们会叽叽喳喳地带你见见其他小伙伴呢！

　　有文献指出：鸟类的觅食策略是鸟类行为生态学研究的重要内容。涉及鸟类的觅食方式、觅食时间、觅食地及食物选择等。鸟类的贮食行为是一种特殊的觅食策略。有没有这种习惯、贮藏及重取的能力强弱，与鸟类的生存环境及生活习性有关。比如有些生活在热带地区，食物长期充足的鸟类就没有贮藏粮食的习惯；而一些生活在寒带或高海拔地区的鸟类就会在本能的驱使下在冬季到来之前提前准备好越冬的粮食，以备不时之需。

　　而对于有贮藏粮食行为的鸟，一些是"狂热的收藏家"，一些则相对"马大哈"。比如生活在北美地区和中美洲的克拉克星鸦能够记住贮藏在2500个地点的上万颗粮食的位置，但煤山雀似乎要"健忘"一点。不过，好在还是会有一部分粮食能够在下雪的天气派上用场，让这些小家伙在冬天不会挨饿。

克拉克星鸦贮藏粮食（吴宗民　绘）

　　关于鸟类的贮食行为，很多科学家做了很多种不同对照组的实验，得到的结果也不尽相同，但是都很有趣味。鸟类在基因、环境的双重作用下，也许真的会产生我们所说的"逻辑思维"，虽然它们不会说话，但是也绝不能被忽视和小瞧。

第三章　灌丛林下鸟类

　　前两章中，我们介绍了高山鸟类和森林鸟类，本章我们将介绍灌丛林下鸟类。灌丛林下鸟类主要以鸡形目的雉类为主，雀形目中的许多鸟也在这种生境中分布，如画眉、钩嘴鹛、鹪鹩等。它们大多数是定居的鸟类，即"留鸟"。在地面行动，身体健壮；有坚硬的喙和强有力的腿，并生有适合挖土的钩爪；翅膀短小，不善于长距离飞行。

　　在我们生活的环境中，"灌丛"是最常见的一种绿化方式，只要用心观察，就能发现依赖灌丛而生的鸟类，如本章中即将介绍的棕头鸦雀，或南方常见的白颊噪鹛、画眉等鸟类。

第一节　棕头鸦雀

一、小小"驴粪球儿"

棕头鸦雀是鸟界"圆"的代表：脑袋圆、眼睛圆、身子圆，再加上红棕色的配色，像是淋满了红糖浆的糍粑团。整体棕色，体长约12厘米。其头顶至上背均为红

棕头鸦雀
拉丁名：*Sinosuthora webbiana*；
英文名：Vinous-throated parrotbill；
地方俗名：粉红鹦嘴、黄豆鸟、鸡蛋鸟。在分类学上隶属于雀形目莺鹛科棕头鸦雀属。

棕色；背、肩、腰棕褐色；两翼飞羽暗褐色，翼上覆羽灰褐色；下体胸以上红棕色具细纵纹，胸以下色较淡偏灰；尾羽暗褐色。因为喙粗短而有力，和鹦鹉的嘴相似，因此得名"parrotbill"（鸦雀科鸟类均具有这个特征）。

棕头鸦雀

棕头鸦雀侧面观

"东张西望"的棕头鸦雀

它们主要在中低海拔的灌丛、芦苇丛活动，有时也出现在阔叶次生林林缘；性格开朗活泼，不甚畏人，所以有时在城市公园和园林绿化带也能看到它们的身影；甚至即使你在看着它们，这群小可爱也会在你面前肆无忌惮地玩耍、觅食。它们集群活动，数量从几只到几十只不等；非常喧嚣，有时虽看不到它们的影子，但可以听到它们的声音。

棕头鸦雀成小群活动

对摄影师感到好奇的棕头鸦雀

它们是杂食性动物，主要以甲虫、鞘翅目和鳞翅目等的幼虫为食，也吃植物的果实和草籽等。在树枝上几乎不停歇地跳来跳去，有时在树与树之间做短距离飞翔。鸣叫声为带有颤音的"dz－dz－dz"声。轻轻的"psi－psi"声有时可以吸引此鸟。

棕头鸦雀在灌草丛中活动

在黄山，棕头鸦雀分布广泛，主景区的中低海拔处及附近村庄的灌丛中均有记录，为常见种。

棕头鸦雀繁殖期为4—8月份，南方地区每年可繁殖2～3巢。通常营巢于灌木或竹丛上。巢材主要有草茎、竹叶、树叶、树皮等；巢内垫有柔软的兽毛、绒毛和棕丝以及干燥的植物根须。巢呈杯状。窝卵数4～5枚，雌雄亲鸟共同孵卵。雏鸟为晚成鸟。

正在衔巢材的棕头鸦雀

二、棕头鸦雀亲友团

你还沉迷于棕头鸦雀的可爱不能自拔吗？黄山"圆溜溜"的小鸟可不止有棕头鸦雀，快来看看还有什么其他成员吧！

经过调查发现，目前黄山共分布着三种鸦雀科鸟类，除了棕头鸦雀，还有短尾鸦雀和灰头鸦雀。它们都长什么样子呢？

短尾鸦雀

它们具有共同的特征：首先，圆溜溜的身材、可爱当然是第一位的；其次，它们都有粗短的喙；再次都喜欢在林下灌丛扎堆活动。这几位"亲戚"都是天生的"话痨"，喜欢聚在一起"絮叨"家长里短，声音却各不相同。棕头鸦雀为"dz－dz－dz"且带有颤音；短尾鸦雀会发出轻柔的单音节"tut"声或"tip"声；灰头鸦雀的声音最特殊，为尖锐的"eu～chu－chu－chu"声，或一连串"chit－it－it－it－it"声。

棕头鸦雀和短尾鸦雀在体形和外形上比较相似，都是以棕色和褐色为主，短尾鸦雀的尾巴较短、喉部有一撮类似小胡子的黑色、头顶的红棕色明显，这也是区分这两种鸟类的关键特征。灰头鸦雀体形在 3 种中最大，体长 17 厘米；头灰色，喙橘黄或橙红是它的主要特征，身体仍以棕褐色为主。

根据最新的《国家野生动物保护名录》，"全球性易危"鸟类——短尾鸦雀已经从"三有"保护动物提升为国家Ⅱ级重点保护动物，这说明黄山内分布的国家级重点保护动物又增加了一种，而黄山人肩上保护绿水青山的担子也就多了一分重量。适当留出灌丛和芦苇丛，不非法捕捉，是保护这些"小可爱"最简单的方式。

灰头鸦雀

据调查结果，灰头鸦雀在黄山风景区南大门至温泉酒店一带以及太平湖风景区周边林区记录比较频繁；短尾鸦雀为黄山鸟类新纪录，但比较稀少，遇见率比较低，但是去野外碰碰运气又何尝不可呢？

三、鸦雀中的"大熊猫"——震旦鸦雀

说到鸦雀科鸟类，就不得不提到震旦鸦雀了。名字中的"震旦"两字，来源于古印度人对华夏大地的敬称。1872 年，一名法兰西传教士在我国东部沿海地区采集到第一只鸟类标本，并将它的家乡刻在了它的名字里。然后仅过了一百多年，因为过度开发占地，震旦鸦雀赖以生存的芦苇丛面积逐渐减少甚至消失，渐渐很少能听到它们用粗壮的喙敲击芦苇秆捕捉里面的虫子时发出的清脆声。

和短尾鸦雀一样，震旦鸦雀目前也为我国Ⅱ级重点保护鸟类。因为对栖息环境要求高且生

震旦鸦雀

境类型局限、种群数量少且栖息地丧失而呈下降趋势，震旦鸦雀也被称为"鸟中大熊猫"。

可见，栖息地的破坏对鸟类的危害有多大。保护动物，不仅仅要保护动物的生命安全，也要保护它们的生存环境。

第二节　画眉

一、唱歌唱得妙，"妆"也画得好

画眉属于体形较小的棕褐色鹛，体长约 22 厘米。通体棕褐色，具一在眼后延长的白色眼圈，形成眉纹，这也是画眉的最主要特征。喙黄色，眼黑色，眼周裸露皮肤浅蓝紫色；腹部灰色，雌鸟在孵卵期间腹部具"孵卵斑"，灰色更明显。羽色上不具明显的雌雄差异，雌鸟仅在体形上较小、较修长。

相 关 链 接

画眉

拉丁名：*Garrulax canorus*；

英文名：Hwamei；

在分类学上隶属于雀形目画眉科。

画眉

画眉活动于海拔 1800 米以下的山丘灌丛和村落附近或城郊的灌丛、竹林或庭院中；杂食性，以昆虫为主，也会取食植物的种子、果实等；单独或成对活动，有时也结成小群，在地面觅食。性胆怯而机敏，多藏匿于茂密的灌丛中，在树枝间跳跃；飞行能力一般，不善于远距离飞翔。画眉非常善于鸣唱，这也是为什么画眉会成为笼养鸟中最常见的鸟类的原因。画眉善唱且喜唱，从早到晚唱个不停，鸣声悠扬婉转，富于变化，甚至还会模仿其他鸟、兽、虫的叫声。

画眉小群体

在黄山，画眉种群数量不少，广泛分布在适合的生境，主要记录地点在南大门至温泉酒店一带、浮溪、石门峡、半山寺。

画眉繁殖期为 4—7 月份，每年可以繁殖 1~2 次。在繁殖季，雄鸟会用尽浑身

画眉取食植物果实

解数来展示自己最高超也最擅长的本领——唱歌，以此来吸引雌鸟的注意，表达爱慕之情。在求偶期间，雄鸟尤其喜欢晨昏时段"引吭高歌"，一根树枝、一块石头都能够成为它展示自己歌喉的舞台。距离较近的雄鸟之间会暗暗竞争，你高亢激昂，我婉转多变；你唱高音慷慨激昂，我唱中音极富韵味。有点类似于现在的选秀节目，选手们在台上不遗余力地展示自己的才艺，那我们的"画眉小姐"呢？它们作为整个秀场的"评委"，不紧不慢地边品尝鲜嫩多汁的青虫，边饶有兴致地把握着整场"比赛"。雄鸟不仅要比拼"才艺"，还要通过"体能"的考验。画眉鸟善于打斗，雄鸟在求偶时甚至会和对手"大打出手"，以此来展示自己强健的体魄。"画眉小姐"往往会选择胜利者作为自己的伴侣。

它们会在地面草丛、茂密树林中和小树上安家，"户型"为杯状或椭圆形的碟状，亲鸟会认真地用干草混合细根认真搭建。窝卵数通常为 3～5 枚，孵化期为 14～15 天。雌鸟全程孵卵，而雄鸟也不会"偷懒"，负责给自己的小家庭当"警卫"。雏鸟为晚成鸟，需要亲鸟持续喂养 25 天才能出巢。画眉鸟并不是一生只有一个配偶，这些浪漫的"林间歌唱家"在小宝宝能够独自生活以后便一拍两散，等到下一个繁殖期，它们又会找到另外一个心仪的伴侣。

二、保护鸟类，人人有责

画眉鸟可以算得上是观赏鸟和贸易鸟类中的"常客"了，虽然这并不是画眉鸟的本意！为了保护画眉的野外种群，打击非法盗猎，2021 年 2 月初，国家林业和草原局、农业农村部发布了新版《国家重点保护野生动物名录》（以下简称《名录》），将画眉野外种群从"三有"提升到国家Ⅱ级重点保护动物。这也就意味着非法抓捕、贩卖画眉鸟的行为可能构成刑事犯罪。目前，国家对野生动物保护力度持续加大，刚刚发布的《名录》新增 517 种（类）野生动物。

三、我有斑秃，但我是故意的

在黄山进行鸟类调查时，我们记录到了一只"特殊"的画眉，它的腹部灰色面积较大，覆羽较正常状态少，这是为什么呢？原来，这是一只正在孵卵的雌鸟，腹部具有"孵卵斑"。

其实，孵卵并不简单，远不是想象中的亲鸟在卵上"趴着"就够了。对于野生鸟类，在处处暗藏杀机的野外成功繁育下一代是一件很艰难且需要赌上一定运气的事情。亲鸟首要的是保持卵的温度，不能过高过低，要适时翻动晾晒，又要注意保暖；另外，需要合理分配

孵卵期的画眉雌鸟腹部具孵卵斑

时间，特别是对于"单亲妈妈"而言，既要觅食，又要照顾巢内的卵；应对天敌——"生存才是硬道理"。

为了保持卵的温度，不同鸟类都有自己的"绝招"。像画眉，就会在孵化开始之前，腹部羽毛自然脱落，在和卵紧密接触的腹部形成一块裸露的区域，这块区域就叫作"孵卵斑"。鸟妈妈会把自己的卵都收拢到孵卵斑下，把体热直接传给卵，以保障巢内的温度，成功孵化下一代。

四、画眉鸟，如意鸟

噪鹛属中和画眉有亲戚关系的不在少数，它们的名字都颇富"学术气息"，但"画眉"却自成一派，甚至它的英文名字，也来自汉字的音译"Hwamei"。其原因在于"画眉"这个词来源于中国古代春秋时期，相传是西施所取，并一直沿袭至今。

古人爱画眉，欧阳修的《画眉鸟》："百啭千声随意移，山花红紫树高低。始知锁向金笼听，不及林间自在啼"。表达了自己对于在山野间尽情游荡、放声歌唱的画眉鸟的喜爱和对自由生活的向往。画眉鸟的叫声尾音略似"mo-gi-yiu"，被古人音译为"如意如意"，这对于喜讨"口彩"的中国人来说，画眉就成为幸福、好运、美满的象征；听到画眉鸟优美的叫声，也就唱出了人们心中对于美好生活的愿望。

第三节　白鹇

一、林中"仙子"

白鹇是在中国分布的雉类中辨识度较高的一种，为体态娴雅、外观美丽的大型雉类。雄鸟体长约110厘米，雌鸟约60厘米。其最主要的特征就是"白"，但这一特征仅体现在雄

白鹇
拉丁名：*Lophura nycthemera*；
英文名：Silver pheasant；
地方俗名：银鸡、银雉、越鸟、越禽、白雉。
在分类学上隶属于鸡形目雉科。

鸟身上——上体白色而密布"V"形黑纹；尾白而长，中央尾羽纯白，其余尾羽具黑斑和细纹；下体蓝黑色；头上具蓝黑色羽冠，脸裸露红色。雌鸟具暗色冠羽及红色脸颊裸皮；体羽橄榄褐色，尾较雄性短。雌鸟和雄鸟脚鲜红色。

白鹇雄鸟

白鹇是以植食为主的杂食性鸟类：主要以植物的嫩叶、幼芽、花、茎、浆果、种子等为食，也取食蝗虫、蚂蚁、蚯蚓、鳞翅目昆虫及幼虫。

白鹇栖息于多林的山地，喜在浓密的竹丛间活动。常集群，多数情况下雌鸟的数量多于雄鸟，冬季集群可有 30 余只。多在晨昏活动，尤其喜欢小雨或林间

白鹇雌鸟

有雾的天气，较常见于林间公路或小路上。性警觉，受惊后迅速奔跑逃离，有时伴有尖利的报警声。夜间集群栖息于树上。平时较安静，很少听到鸣叫，仅在联络时发出低声的"gu—gu—gu—gu"声。

在地面活动的白鹇雄鸟

在我国，白鹇广布于长江以南各地。亚种众多，相邻省市之间分布的可能不是同一亚种。但目前亚种的分类存在较大争议，有学者并不认同所有亚

种。故在此不做详细介绍。

在黄山，白鹇在风景区的适宜生境内广泛分布，从低海拔到高海拔都有，为常见鸟种。但一定要保持足够的安静和相当的耐心才能看到它们。

白鹇的繁殖期为4—5月份，实行一雄多雌制，在发情期雄鸟常为争夺配偶而打斗。雄性白鹇在求偶过程中也会进行"求偶炫耀"——雄鸟会围绕雌鸟绕圈并不断左右摆尾，动作缓慢而幅度大，并不断重复以上动作，有时伸展双翅并不断振翅，同时发出轻微的颤抖叫以吸引雌鸟的注意。

营巢于林下灌丛，巢一般由枯草、树叶、松针和羽毛组成，结构较为简陋。因此也使得卵和雏鸟在一定的时期内处于危险的状态，在雏鸟能够跟随父母自由活动之前，野猪、鼬獾以及部分蛇类都是他们的天敌。但好在白鹇能够在一定程度上"以量取胜"，窝卵数一般为4～8枚，卵淡至棕褐色、背有白色石灰质斑点。孵化期为24～25天，雏鸟为早成鸟，出壳后不久就能跟随亲鸟离巢觅食活动。

隐匿在竹林中的白鹇雌鸟

白鹇为国家Ⅱ级重点保护鸟类。但随着不断的开发，白鹇的栖息地正在遭受破坏，出现破碎化的趋势；人类活动强度逐渐增强，对于胆小警觉的鸟类来说，也构成一种威胁，为了保护这些"林间仙子"，更应该注重保护区建设、减少人为活动干扰、严格防范森林火险，让这"一袭白裙"翩然地游荡在黄山大美的山水之间。

二、白鹇与中国古代文化

在中国的传统文化中，白鹇一直被认为是吉祥之鸟的化身，象征着抛弃尘秽，迎新纳福，是百姓追求美好生活的象征。

白鹇官补纹样

在官位制度森严的古代宫廷中，白鹇作为官补纹样，被刺绣在五品文官的服饰上，作为正直、清廉的象征；寄托对在位官员处事"不与众鸟杂，不与人同流合污"的期望和要求。明清时代的正五品官员职位与现代社会中的市长、市委书记及军分区司令员等相当，可见白鹇的形象在古代社会中何其重要。早在春秋时期，师旷所著的《禽经》中，就有对白鹇的记载——"似山鸡而色白，行止闲暇"。唐代大诗人李白在黄山游山玩水时看到山民胡公饲养的白鹇，酷爱有加，遂创作《赠黄山胡公求白鹇》一诗，极力赞美白鹇高洁纯美，超脱不凡，并希望农户能够赠送一只给自己："我愿得此鸟，玩之坐碧山。胡公能辍赠，寄笼野人还。"——"我很希望能够得到白鹇，在黄山的碧山绿水中和他们嬉戏做伴。如果胡公能够把他们送给我，我愿意与这白鹇一同化作山野之人。"

白鹇也是云南哈尼族的图腾，哈尼族一直流传着白鹇报喜、救人等美丽的神话故事。哈尼族人推崇白鹇，相信白鹇会给族人带来好运，因此，白鹇经常出现在他们的装饰、绘画上，甚至特色的舞蹈动作中。另外，白鹇从 1988 年被评为广东省"省鸟"，这个名号一直延续至今。

画中的白鹇

三、闲话"鹇"

"鹇"这个字，不仅仅在白鹇身上出现，在中国，还有另外两种"鹇"，分别是蓝鹇和黑鹇，不过，这三位虽是近亲，但除了在"长相"上比较相似以外，"住"得并不近。

白颈长尾雉雄鸟

蓝鹇雄鸟以暗蓝色为主色调，雌鸟头上有一短的羽冠，蓝鹇仅分布在中国台湾；黑鹇上体呈黑褐色，在我国相当罕见，分布于西藏南部及东南部、云南西部。虽然相隔甚远，但是在生态习性和繁殖行为上，三者还是比较相似。

俗话说"远亲不如近邻"，虽然白鹇的"至亲"没有在身边，但和同域分布的"小伙伴"相处得还是不错，在黄山保护区内，和白鹇有着相似生态位的勺鸡、白颈长尾雉等雉科鸟类都是白鹇的"好朋友，好伙伴"，共同分享着美丽而富饶的黄山。如果您在游览黄山的途中惊鸿一瞥到一缕悠然的白色，不要吃惊和害怕，那是黄山的"林中仙子"白鹇正在向你打招呼呢！

勺鸡

第四节　灰胸竹鸡

一、不收租的"地主婆"

灰胸竹鸡整体为红棕色鹑类，体形中等，体长 33 厘米左右。额、眉线及前胸蓝灰色是灰胸竹鸡的主要特征；与喉、脸及上胸的棕色形成对比；上体橄榄棕褐色，背具栗斑和白斑；下体前部棕色。雌鸟和雄鸟相似，但在体形上稍小。

灰胸竹鸡

灰胸竹鸡为留鸟，多栖息于低山丘陵及平原地带的竹林、灌丛、草丛及耕地，但也可上至海拔 1800 米的山地；适应性强，生境类型多，天然林、次生林、人工林以及果园都能看到它们的

灰胸竹鸡

拉丁名：*Bambusicola thoracicus*；
英文名：Chinese Bamboo Partridge；
地方俗名：华南竹鹧鸪、竹鹧鸪、普通竹鸡、竹鸡、泥滑滑、山菌子。
在分类学上隶属于鸡形目雉科。

身影；杂食性，餐谱以植物性食物为主，偶尔也吃昆虫幼虫、蚂蚁或其他无

脊椎动物。

它们繁殖期时成对活动，非繁殖期集成小群，冬季结较大群。领域性较强，每个群体都有自己固定的活动范围。夜栖于树上或竹林。常边走边觅食边发出联络声，略显嘈杂，飞行迅速，通常紧贴地面飞行，飞不远就又落入草丛中。

鸣叫声独具辨识度，尖锐而响亮，开始时通常是一串高频的单声鸣叫，接着开始重复三连音。灰胸竹鸡喜鸣叫，晨昏尤其明

成小群活动的灰胸竹鸡

显。每个人对声音的认知和辨识不同，想要真正感受灰胸竹鸡"魔幻"的叫声，还是要亲耳听到才行。

灰胸竹鸡为中国特有种，分布于除海南和台湾外长江以南各省市，北达陕西南部，西至四川盆地。灰胸竹鸡具有较强的适应性，自1919年引种到日本后，目前在日本分布广泛。

灰胸竹鸡在黄山数量不少，但常见于低海拔合适生境，高海拔较少见。在风景区管委会后的竹林中就经常能够听到它们的叫声。

灰胸竹鸡亲鸟带雏鸟

灰胸竹鸡在求偶期雌鸟和雄鸟会发出响亮的求偶叫声，距离很远也能听到。营巢于灌丛及竹林下地面凹处，可能选择天然的凹巢，也可能是亲鸟刨挖形成。巢材一般为枯草和枯叶。窝卵数5～12枚，孵化期为17～18天，雏鸟为早成鸟，类似于家鸡，出壳不久后就能跟随亲鸟活动觅食。

二、闻声识鸟

有观鸟基础的小伙伴一听到灰胸竹鸡这个鸟名，首先想到的一定是他们"魔性"的叫声："ni－zhao－shui，ni－zhao－shui……"，发音类似于"你－找－谁"；也有人翻译为"地－主－婆"，还有"peoplepray，peoplepray"的英文版本。灰胸竹鸡性格机警胆小，在野外并不是经常能够亲眼看到它们的身影，如果你听到这个声音，那就一定是它们啦！在黄山进行鸟类调查的过程中，

我们也听到了不少在声音上非常具有辨识度的鸟类，下面就和大家一起分享分享！也许，你在雾气缭绕的群山中欣赏黄山壮美的景观时，就能听到来自山间的"精灵"对你们的"召唤"呢！

噪鹃

春季，黄山脚下的村庄农田附近的树上经常传出"快快布谷"的"催促声"，这就是四声杜鹃的叫声，也就是我们常说的"布谷鸟"，仿佛在催促农民快快种下今年的粮食；城市中也不孤单，噪鹃首当其冲，用嘹亮的嗓音宣布夏季的到来，雄鸟发出"喔哦"声，重复多达 12 次，并且音调和音速随着重复逐渐增强，虽然听起来是向人们大声宣告"我在这里！"但是这位"隐士"绝大部分情况下都是"只闻其声不见其鸟"。不过，如果能够透过茂密的树冠仔细搜寻，也许能看到它们在树顶隐蔽处的身影。隐蔽而神秘的鸟类不仅只有噪鹃，丽星鹪鹛在"隐蔽界"也有名声，在巍峨的黄山群山中，我们能够听到这种小型鸟类极具穿透力的叫声：不断重复的三声"滴—滴—跌"，也有尖厉的 siksiksik 声。和噪鹃不同的是，它们在地面奔跑，体形很小，非常不易被发现。傍晚，城市公园湿地的芦苇里，传出像是抱怨一样的鸟鸣声："kue，kue，kue"，听起来像是"苦啊，苦啊，苦啊"，这就是白胸苦恶鸟，虽然嘴上"唠叨"着日子"苦"，但在黄山富饶的食物资源里，一定过着不愁"吃穿"的幸福生活。夜幕降临，白天喧嚣的小鸟们逐渐安静下来，这个时候，夜间的主角鸺鹠即将登场，夜幕降落，鸣声响起："hü hü—hü hü"，类似于发报机般有节奏感，仿佛在给其他在夜间活动的小伙伴们发出信号："夜幕降临，狂欢开始。"

丽星鹪鹛

白胸苦恶鸟

领鸺鹠

三、法律禁养灰胸竹鸡

2020 年 10 月，国家林业和草原局发布了《关于规范禁食野生动物分类管理范围的通知》（简称《通知》），对包括灰胸竹鸡在内的 64 种野生动物提出了分类管理要求。

以灰胸竹鸡为例，《通知》中明确指出："禁止以食用为目的的养殖活动，除适量保留种群等特殊情形外，引导养殖户停止养殖。"也就是说，从 2021 年开始，饲养灰胸竹鸡将不再被法律允许。在此，也呼吁大家不通过非法途径购买、养殖野生动物，更不要轻易食用野生动物，这不仅是为了保护这些本就属于大自然的"精灵"们，更是对我们自身健康的高度负责。

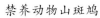

禁养动物山斑鸠　　　　　　　　禁养动物黑水鸡

禁养动物绿翅鸭（右为雄性，左为雌性）

第四章　溪流湿地鸟类

　　溪流是山涧中一种常见的水流形式，湿地是指地表过湿或经常积水、生长湿地生物的地区。溪流和湿地两者都离不开水。同样，在这两种生境中生存的鸟类也都习惯了"依水而居"。不论是在开阔水域生活的滨海湿地水鸟，还是在湍急山涧中鸣唱的溪流鸟类，都和"水"有着密不可分的联系——适应了水，也离不开水。

　　我国湿地资源丰富，湿地面积占世界湿地的10％，6600万公顷，位居亚洲第一位，世界第四位。湿地是珍贵的自然资源，也是重要的生态系统，因其具有强大的净化和过滤水质功能而被称为"地球之肾"。湿地是位于陆生生态系统和水生生态系统之间的过渡性地带，独特的生态类型承载着大量的动植物资源。在湿地内栖息的珍稀濒危鸟类有"鸟中大熊猫"震旦鸦雀、东方白鹳、小天鹅、丹顶鹤、水雉、鸳鸯等。湿地也是迁徙鸟类遥远漫长的迁徙路线上必不可少的休息站和中转站。

　　山间的溪流是大山的灵魂，给众多生灵提供水源，也滋养着森林的土壤。黄山中常见的溪流鸟类有紫啸鸫、褐河乌、红尾水鸲、白顶溪鸲、小燕尾、普通翠鸟及白鹡鸰等。它们玩耍、觅食、哺育下一代都离不开溪流。

第一节 鸳鸯

一、无人不知无人不晓的鸳鸯

鸳鸯雌雄异色：雄鸟嘴红色，脚橙黄色，羽毛鲜艳而华丽，头具艳丽的冠羽，眼后有宽阔的白色眉纹，翅上有一对栗黄色扇状直立羽，像帆一样立于后背，非常奇特和醒目，野外极易辨认；雌鸟嘴黑色，

相关链接

鸳鸯
拉丁名：*Aix galericulata*；
英文名：Mandarin Duck；
地方俗名：中国官鸭、官鸭。在分类学上隶属于雁形目鸭科。

脚橙黄色，头和整个上体灰褐色，眼周白色，其后连一细的白色眉纹，亦极为醒目和独特，野外容易辨认。目前我国还未见有与之相似的种类。

鸳鸯（前后两只为雄鸟，中间两只为雌鸟）

鸳鸯杂食性，以植食为主；栖息于溪流、湖泊、水塘、稻田、芦苇沼泽等湿地；生性机警，善隐蔽，飞行能力强；成对或聚群活动。鸳鸯虽相貌端

庄尊贵，但并非等闲之辈，每年3—4月份，从南方越冬地开始迁飞，一直飞到繁殖地休整后繁殖，繁殖期过后，9—10月份，刚学会飞没多久的亚成小鸳鸯就得跟着大部队开始一段几千千米的长途旅行回到越冬地，每年依次往复。

成小群活动的鸳鸯

在河滩上休息的鸳鸯小群体

对于国内的鸳鸯种群，历史数据的记载中，多是在我国东北部地区繁殖，东南地区越冬，在浙江（杭州）、云南、贵州（石阡鸳鸯湖）有零星分布的留鸟，台湾地区全部为留鸟。根据近几年的报道和科学文献，"鸟圈"的小伙伴肯定已经注意到，鸳鸯整体的繁殖地有向南方扩展的趋势，目前世界上已知的最大的鸳鸯越冬地在江西婺源。2012年新闻报道有野生鸳鸯在福建省三明市清流县长潭河流域繁殖6只雏鸟记录，又有文献记录 2018 年 6 月在湖南省怀化市通道玉带河国家湿地公园内观测到野生鸳鸯繁殖对及幼鸟。

在黄山，鸳鸯常见于谭家桥、新安江、太平湖等地溪流生境。

鸳鸯 3 月末 4 月初迁到繁殖地，4 月下旬开始出现交配行为。营巢于紧靠水边老龄树的天然树洞中，距地高 10～18 米。巢材极简陋，巢内除树木本身的木屑外，再就是雌鸟从自己身上拔下的绒羽。每窝产卵 7～12 枚，孵化期 28～30 天。雏鸟早成性，雏鸟卵出后全身即长满了绒羽，并很快地跑到水中，游泳于亲鸟周围。

二、闲话"鸟明星"

一提到"鸳鸯"这个词，国人首先想到的应该就是"爱情""忠贞""白头偕老"的字眼，"愿做鸳鸯不羡仙"的名句口口相传，更加深了人们对鸳鸯这个物种"一夫一妻，从一而终"的看法，但是古人诗句中提到的"鸳鸯"和我们今天熟悉的这一物种是同一种吗？这还要从宋朝开始说起。

南宋《尔雅翼》对鸳鸯描述道："其大如鹜，其质杏黄色，头戴白长毛，垂之至尾，尾与翅皆黑。"

抓住几个关键字："杏黄、头白、尾翅黑"，和现在的鸳鸯一比较，结论只有一个——明显不符；继续查资料，明代宫廷写本《食物本草》里，首次出现了"鸳鸯"的"画像"，一看画像古人口中的鸳鸯原来是另一种鸟——赤麻鸭。

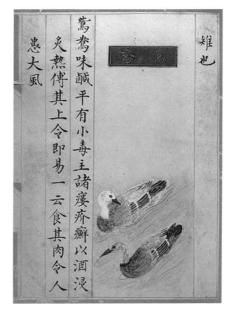

《食物本草》中鸳鸯的画像

外形上找到"嫌疑鸭"以后，我们继续根据史料进行推理。郑丰《答陆士龙诗·鸳鸯》序云："鸳鸯，美贤也。有贤者二人，双飞东岳，扬辉上京，其兄已显登清朝，而弟中渐，婆娑衡门。"

怎么看也不像是在描写夫妻之间缠绵悱恻的爱情故事，再看到"贤者二人"，应该可以确认描写的是两位才华横溢的兄弟，没错，这里是将西晋著名

飞翔中的赤麻鸭

文学家陆机、陆云兄弟比作鸳鸯。为什么呢？赤麻鸭在非繁殖期喜欢集群活动，且雌雄在外观上没有太大的差别，因此，喜"聚众"饮酒作诗的古人便把友情、兄弟之间的情谊比作"鸳鸯"。

有熟悉古代文学的朋友可能会问："我也看到过在古诗词中确实被比作男女之间忠贞不渝爱情的诗句呀？"虽说赤麻鸭平时集群，但是繁殖期还是以成对活动为主，并且，他们的"头白"很容易让浪漫而富有想象力的古人联系到"白头偕老"，从"兄弟情"进一步深化，变成"爱情"和"专一"的象征。

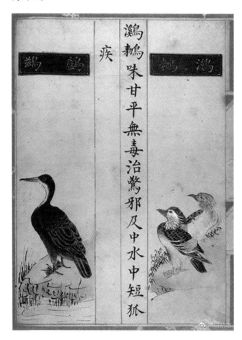

《本草纲目》中鸂鶒的画像

那么今天的"鸳鸯"在古代叫什么呢？《本草纲目》中对于一种叫作"鸂鶒（西赤）"的物种有这样的描述：形小如鸭，毛有五采，首有缨，尾有毛如船舵形。

还是提关键字："五采（彩）、缨、尾如舵"，好像跟现在描述的鸳鸯八九不离十，再看配的图片，基本可以确定，这连名字都不认识的鸟就是现在我们说的"鸳鸯"。

综上所述，宋代之前诗词中的"鸳鸯"多指现在的"赤麻鸭"，他们后期又是怎么互换名字的呢？原来对于"鸂鶒"，还有另外一个叫法——

"紫鸳鸯"，后来古人逐渐沉迷于现在鸳鸯的美貌，雕花上、画作上、工艺品上……处处都离不开，为了省事，叫着叫着就把前面的"紫"字去掉了，剩下后面的"鸳鸯"二字，逐渐变成人们现在熟知的"鸳鸯"。随着这个名字继承下来的，还有人们关于"鸳鸯"根深蒂固的想法——白头偕老，从一而终。

真正的鸳鸯真的符合人们对它的"定位"吗？

关于鸳鸯是否"从一而终，对爱情忠贞不渝"这一方面，《中国鸟类志》中这样描述："3月末4月初迁到繁殖地时并不立刻营巢，而是成群活动在林外河流与水塘中。随着天气逐渐变暖，鸳鸯才逐渐分散和成对进入营巢地……雌鸟孵卵，雄鸟在雌鸟开始孵卵后即离开雌鸟到隐蔽的河段上换羽……"《中国海洋与湿地鸟类》《中国鸟类野外手册》以及其他几本较权威的鸟类手册上也并没有鸳鸯"忠贞"这一表现的介绍。大家估计已经猜到了，真正的鸳鸯，其实并不是代代相传的那样"专一和忠贞"，这时候有人会问了："那古人为什么会发出这样的感慨呢？"其实，古人所说的"鸳鸯"，指的还是现在的"赤麻鸭"，《中国海洋与湿地鸟类》中对于赤麻鸭有这样的描写："雌雄双方之间有较高的忠诚度，配对关系通常将持续一生。"这回大家应该清楚了——古人描写的"忠贞、专一"的爱情鸟其实指的是赤麻鸭，只不过从宋代开始，这个"梦幻"的名字被安在了有着华丽羽毛的"鸂鶒"头上，逐渐流传到现在，"紫鸳鸯"成了名义上的鸳鸯，而在爱情方面，现在的"新鸳鸯"还得向"老鸳鸯"学习。

第二节　褐河乌

一、会动的"石头"

褐河乌的外形很好辨认——羽毛深褐色、嘴深褐色、脚深褐色；体长21厘米左右；幼鸟黑褐色，腹部具白色斑纹，羽缘棕褐色形成鳞状斑；眼圈白色，常为眼周羽毛遮盖而不显；闭眼时能看到明显的白色眼睑；尾巴短。

褐河乌　　　　　　　　　　　褐河乌正面观

相关链接

褐河乌
拉丁名：*Cinclus pallasii*；
英文名：Brown Dipper；
地方俗名：水乌鸦、小水乌鸦。在分类学上隶属于雀形目河乌科。

褐河乌的英文名中有个"dip"，翻译成中文为"蘸、浸、下潜"之意。因此，"Brown Dipper"可以直译为"褐色的浸水者"，这个名字贴切，褐河乌的外形、行为甚至生境都被很明显地总结了出来。

　　褐河乌在国内为留鸟，通常栖息于海拔500～2500米的溪流、河流生境，喜欢停栖于巨大砾石上，时常有一些有趣的动作：头常点动，偶尔快速上下摆尾，如果驻足观察，就能发现这点。它们在水中觅食，能在水面浮游，也能在水底潜走；杂食性，以肉食性食物为主，包括小鱼、水生昆虫和其他水生小型无脊椎动物，有时也会取食浮游植物；单独或成对活动，有时也成"小家族"集群活动。

褐河乌活动的溪流生境　　　　　褐河乌潜入水中觅食

　　褐河乌飞行速度快，但飞行能力不强，一般只飞行较短的距离（30～50米）即停落。叫声为单调的单音节。闭眼时能够看到明显的白色眼睑，这个特征使得褐河乌在快速眨眼时看起来像是"翻白眼",这也是它们一个很有意思的特征。

褐河乌广泛分布于黄山风景区的溪流生境,为常见鸟种。

褐河乌巢筑于河流两岸石隙间、石壁凹处或树根下。巢材由苔藓、干草和树叶组成,内垫柔软的草叶和兽毛等。营巢地点不同,搭建巢的空间形状不同,巢的形状也不同,多数呈碗状或球状。窝卵数为3~4枚,一年繁殖一次。孵化期15~16天,其间雌鸟全权负责孵卵,雄鸟负责"打饭",给雌鸟做好"后勤保障工作";小鸟出壳后,因为是晚成鸟,还需要双亲继续照顾21~23天才能出巢。不过,这还不算完,负责任的褐河乌亲鸟会继续带着幼鸟活动一段时间,享受美好的"家庭式"生活。

褐河乌幼鸟

二、浪漫的"小丑"

褐河乌外表看上去平淡无奇,但这并不影响它们天生的浪漫基因。在求偶时,雄鸟会为雌鸟展示"舞姿"——两翼上举并振动。虽然在我们看来这有些"傻"和"搞笑",但是在雌鸟看来,这是雄鸟展示自己优良基因和表达诚心的体现。我曾经记录过一只雄性褐河乌的求偶,在锁定了自己心仪的雌性以后,这只雄鸟似乎开启了"舞神"模式,一刻不停地跟着雌鸟,雌鸟在吃饭,它在跳舞;雌鸟在捕食,它在跳舞;雌鸟在梳理羽毛,它还在跳舞。虽然没有华丽的舞姿,仅仅在震颤双翅,并且似乎雌鸟也并没有过多地欣赏它的舞蹈,甚至有时直接无情地飞走,

褐河乌的求偶炫耀(右为雄鸟,左为雌鸟)

但这只雄鸟会马上紧随其后继续跳舞，并且送给雌鸟小鱼和小昆虫作为"聘礼"，坚定地追求了3～4天后，终于"抱得美人归"。

　　求偶炫耀是指繁殖期鸟类的特殊鸣叫或姿态，用以引起配偶的注意并激发性活动，从而实现配对、筑巢、孵卵、育雏等一系列繁殖过程。求偶炫耀的方式多种多样，不止局限于"跳舞"，善于鸣唱的鸟类会展示自己的歌喉；外表华丽的会提早换好"舞会装"出席；性格好斗的会在雌性面前和其他竞争者"大打出手"，以彰显自己的体力；"鸟绅士"会自制小礼物送给雌性，比如一个漂亮的"婚房"；有些鸟类更"接地气"，深知"要想抓住对方的心，就要先抓住她的胃"这一道理，送给雌鸟美食……总之，多变的方式最终的目的只有一个——获得雌鸟的"芳心"。

　　求偶炫耀对于鸟类来说意义重大，可以帮助雌鸟选择最优秀的雄鸟，传承优秀的基因；刺激雌鸟进入发情期，完成延续种群的使命；也在一定程度上保证了生殖隔离，保护了物种基因的纯粹性；也给热爱观鸟的人带来了一次次视觉盛宴。如果你在溪流边看到这"不起眼"的褐河乌，记得多观察它们一会儿，也许可以看到它们的独家"舞姿"呢！

褐河乌的"舞姿"

三、我国的河乌科两兄弟

目前，在我国分布的河乌科鸟类仅有 2 种——褐河乌和河乌。河乌科鸟类的共同特征为：中小型鸣禽；高度依赖溪流、河流等水域环境；在水中捕食；善于游泳和潜水；以小鱼、小虾、水生昆虫及浮游植物为食。

河乌作为褐河乌的近亲，在体形上与褐河乌相差无几。两者最主要的特征就是河乌喉和胸白色，看上去像是围了一个"围嘴"，也有亚种下体全白：背部颜色和褐河乌相同，均为褐色。河乌在黄山没有分布，在我国主要分布于西南山地、新疆、西藏南部东南部和云南西北部。

河乌

第三节　普通翠鸟

一、不普通的普通翠鸟

体形较小的翠鸟，体长约 15 厘米，外形在"鸟界"具有较高的辨识度，整体以蓝橘色调为主。雄鸟头部蓝绿色，颊、前额侧部、眼后和耳羽栗棕红色，耳后有一白色斑；背部翠蓝色，飞羽多为黑褐色，胸前棕灰。雌鸟上体羽色较雄鸟稍淡，多蓝色，少绿色。雌雄成鸟的主要区别在于雌鸟下嘴橘红色。亚成体羽色更为暗淡。

翠鸟主要以鱼、虾等小型水生动物为食。这也决定了翠鸟的主要生活环境在水边，河流、溪涧、湖泊以及灌溉渠等水域都是翠鸟经常出没的生境，分布的最高海拔可至 1500 米。鱼类警觉的特性也练就了翠鸟的"好眼力"，翠鸟视力极佳，且相当具有耐心，这两点也造就了一个成功的"king fisher"。翠鸟经常长时间一动不动地注视着水面，一见水中鱼虾，立即以极为迅速而

普通翠鸟

凶猛的姿势扎入水中用嘴捕取。翠鸟常单独活动，一般多停息在河边树桩和岩石上"思考鸟生"或伺机等待猎物。其叫声为频率较高的"zir，zir"声，带金属质感；或拖长音的尖叫声"tea—cher"。

相关链接

普通翠鸟
拉丁名：*Alcedo atthis*；
英文名：Common Kingfisher；
地方俗名：翠鸟、钓鱼郎、小翠等。分类学上隶属于佛法僧目翠鸟科。

普通翠鸟和它的猎物

普通翠鸟在黄山风景区及保护区内是常见鸟种，在水域环境都能看到它的身影，其飞行时快且直，常让人联想到武侠中的"指如疾风，势如闪电"。如果在黄山欣赏奇山异水时倏然发现一道"蓝色闪电"划过平静的水面，那一定是这"孤独的美食家"正在寻觅它的食材。

普通翠鸟掠过水面飞行

普通翠鸟通常营巢于水域岸边或附近陡直的土岩或砂岩壁上，掘洞为巢。

二、族谱溯源——佛法僧目的由来

相信很多人也和我一样，第一次见到这个目的名字的时候也是一脸懵，以为这一目里面的成员是不是和佛法、僧院有关，后来发现关系并不大。那么，这个名字是怎么来的呢？这还得从公元 806 年说起。话说日本有一位从东土大唐归来的高僧在自己的禅寺诵经时经常能够看到一种蓝色的鸟，在心里暗暗喜欢；到了晚上，夜深人静，只听见潺潺流水声和一种奇特的鸟鸣，这鸟鸣恰与日语中的"佛，法，僧"三个字发音类似，便将白天看到的蓝色鸟和晚上鸣叫的鸟联系起来，而"佛，法，僧"也恰好是佛家三宝，高僧便把白天看到的蓝色鸟命名为"三宝鸟"，后来，随着鸟类学研究的深入，将佛法僧这三个字升级为一目，也算是对鸟类分类起源的纪念和尊重。但现在看来，佛法僧目的鸟类晚上并不活跃，那给予高僧灵感的叫声是谁的呢？其实是一种猫头鹰——东方角鸮，属于鸮形目的一种鸟类，和佛法僧目毫无关系。不过，历史总是这样，无巧不成书，相比于严肃的学术，各种科学趣事，把"错误"变成"里程碑"，何乐而不为呢？

三宝鸟

红角鸮

三、浪漫的捕鱼王

普通翠鸟依赖于水环境，它们的食物来源也是各类"水产品"，小鱼、小虾是它们的最爱。我们吃鱼吃虾有各种方式，煎炸烹煮各有不同的味道，小鸟不会使用这些工具，那么它们怎么把一条小鱼吃出"花样"呢？当然是通过与自己的"心上人"分享。在求偶时，普通翠鸟的雄鸟表现得非常绅士，会不辞辛苦地捕捉小鱼或小虾送给自己的伴侣，并且，它们会挑选体形合适的"礼物"，再"包装"好，细心地送给伴侣——它们会捕捉不大不小的小鱼，将它们在硬地板或木桩上摔打到不再挣扎，然后细心地将鱼头朝外（这样方便雌鸟吞食），送给雌鸟，如果雌鸟并没有为之所动，雄鸟也不会轻易放弃。虽然翠鸟没有牙齿，更不会咀嚼，但是这样的小鱼小虾，也一定是别有一番滋味吧！

四、翠鸟与点翠工艺

"翠鸟喜欢停在水边的苇秆上，一双红色的小爪子紧紧地抓住苇秆。它的颜色非常鲜艳。头上的羽毛像橄榄色的头巾，绣满了翠绿色的花纹。背上的羽毛像浅绿色的外衣。腹部的羽毛像赤褐色的衬衫。它小巧玲珑，一双透亮灵活的眼睛下面，长着一张又尖又长的嘴。"小朋友们对于这篇文章一定不陌生，它的主角就是普通翠鸟。这篇散文由当代作家菁莽创作并收录在人教版小学语文三年级教材中，主旨在于呼吁人类要与动物和谐相处。

虽然目前来看普通翠鸟的种群数量不在少数，但令人担心的是翠鸟出众的外貌和一身华丽的羽毛为自己惹来了杀身之祸。熟悉中国古代工艺的人对"点翠"这个词语应该不陌生，其中"翠"即指翠鸟之羽。即用翠鸟的蓝色羽毛镶嵌在不同形状的金属底座上，以此做成各种首饰器物，经过漫长的岁月仍鲜艳闪亮、翠色欲滴。这本是一件伟大的民族艺术传承，但遗憾的是，这奢侈而绝美的艺术来自大量翠鸟的痛苦和死亡。为保持羽毛的鲜艳程度，取羽需要在翠鸟仍存活的情况下进行，大部分翠鸟会因为应激反应或失去羽毛后无法正常生活而最终死亡，而点翠的要求很高，每只翠鸟能够取到的"翠"非常少，所以，一只质量上乘的点翠饰品价格一飞冲天，这也就促使了

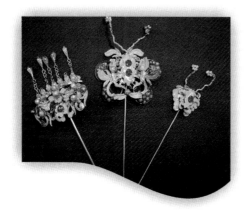

点翠饰品

不法分子对翠鸟的大量捕捉，甚至连普通翠鸟的"亲戚"——白胸翡翠也受到了波及，成为贸易动物中的频繁"受害者"。目前，白胸翡翠已经被列入国家Ⅱ级重点保护对象，而点翠这一工艺，也会带着它曾经的辉煌和世人对于古代匠人的敬仰，永远留在民族文化的历史长河中。

白胸翡翠

第四节　紫啸鸫

一、紫色"闪电"

紫啸鸫在野外非常容易辨认，不像其他鸟类由各种鲜艳的色彩组成，紫啸鸫的羽色单一——紫蓝色。但这并不影响它的靓丽：羽末端的淡紫色滴状斑让紫啸鸫整个鸟看起来"熠熠生辉"，特别是在阳光的照射下，浑身散发着蓝紫色的光泽。

紫啸鸫成鸟

如果单从名字上看，紫啸鸫英文名中的"whistling"会被理解成"吹口哨"，但如果你查阅这个词的其他含义，它还有"呼啸"的意思。"呼啸"并不仅指"大声叫"，而是"发出高而长的声音"。

紫啸鸫
拉丁名：*myophonus caeruleus*；
英文名：Blue Whistling-thrush；
地方俗名：鸣鸡、乌精。在分类学上隶属于雀形目鸫科啸鸫属。

紫啸鸫的鸣唱声就是如此，类似随意悠扬的乐句，也有人形容为笛声或钢琴音；示警时发出尖锐的"tzeettze－tze－tzeet"声。所以，想学习好鸟类知识，也要懂得"咬文嚼字"。

它们偏好水域环境，主要栖息于山地森林溪流沿岸，尤以阔叶林和混交林中多岩的山涧溪流沿岸较常见；单独或成对活动，地栖性，喜欢在地上翻翻找找，挖掘土里美味的昆虫和昆虫幼虫，也在水边浅水处觅食，在溪流的石头上蹦来蹦去；停息时常将尾羽散开并上下摆动。

其性格活泼好奇但机警，一旦受到惊吓便边发出警示音边迅速飞开。不过，我相信紫啸鸫绝对是鸟类中好奇心很强的"好奇宝宝"，我们在保护区内安装的红外相机拍摄到最多的鸟类除了雉科鸟类，就是紫啸鸫。它经常对相机充满了好奇，几乎每

尾羽张开的紫啸鸫

天都会来看看，仿佛是一个尽职尽责的"相机管理员"。

在黄山，紫啸鸫常见于溪流生境。如景区南大门至温泉酒店一带以及浮溪均有记录。

说紫啸鸫胆小吧，它们确实对人类干扰比较敏感，有时甚至在我们还没发现它的时候它就尖叫着逃跑了，反倒把我们吓一跳；但这些家伙也有大胆的时候，甚至敢在建筑物的窗台上营巢，和人类"共处一房"。但大多数时候，紫啸鸫会选择在隐蔽处如溪边岩壁突出的岩石上或岩缝间安家，或在瀑布后面岩洞中和树根间的洞穴中营巢，小紫啸鸫从出生就开始坐拥"瀑景房"，让人非常羡慕。

紫啸鸫幼鸟

其巢材一般有苔藓、枯草等做外壳，内衬以柔软的须根和草茎。窝卵数 3～5 枚，雌雄亲鸟轮流孵卵。雏鸟晚成性，雌雄亲鸟共同育雏。

二、喝相同的山水，唱相似的山歌

设想一下你在黄山巍峨的大山中徒步，走到一处瀑布之下，想招呼你的同伴过来合影，这时候要怎么才能使自己的声音能够在瀑布的轰鸣声中"脱

颖而出"呢？解决这个问题，在这种环境下生活的鸟类最在行——提高音调。

黄山最不缺的就是山和水，山间溪流边生活的鸟类不在少数，比如在黄山最常遇见的就是小燕尾、红尾水鸲、白顶溪鸲和普通翠鸟。如果查阅它们的叫声，会发现有一个共同特点：音调高，尖锐、清脆。"能够被同类听到"，

紫啸鸫生活的溪流生境

这在求偶期是极为重要的。鸟类无法像狗狗或其他动物一样通过气味来宣告自己的存在，声音就是它们宣告主权、求偶炫耀、相互联络、表达感情的工具。听鸟和看鸟同样重要。

红尾水鸲雄鸟

溪流生境中的小燕尾

三、我叫"鸫"，但我是"鹟"

有一定鸟类分类学基础的同学应该都有这样的疑惑：为什么紫啸鸫名字中有"鸫"字，但它的生物学分类不在鸫科鸟类中，而是在鹟科呢？这就要从鸟类的演化分类研究说起。

最早人们对于鸟类分类的研究仅局限于形态学特征，说白了就是：谁跟谁长得像，分布地域、生活习惯也差不多，那可能就是一家的；后来，胚胎学和古生物学慢慢开始发展，人们开始从简单的描述向"追根溯源"的方向探究问题；随着分子技术的介入，1980 年开始 DNA 分类系统提出，基于 DNA 杂交分子技术，从基因和遗传学层面探讨鸟类的演化，又推进了鸟类分类学一大步；2014 年，基于全基因组测序的鸟类分类系统在国际顶尖科学杂志《Science》上发布，代表分

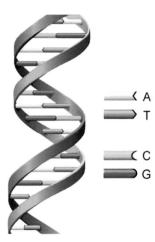

DNA 双螺旋结构

类学进入全基因时代。

科技在发展，理论也在被更新。分子层面的分析证明啸鸫属鸟类其实在亲缘关系上更接近于"鹟科"。和啸鸫属鸟类一起弃"鸫"从"鹟"的还有短翅鸫属、矶鸫属以及栗背短翅鸫属，所以，叫"鸫"但并不一定是"鸫"，也许这些小鸟以后会随着分类的变化而改名字，你觉得叫什么好呢？

四、自带金属光泽

经常看到有人在网上问，看到一只全身黑色的鸟，帮忙鉴定一下，但其实看照片是紫啸鸫。为什么紫啸鸫变"黑啸鸫"了呢？这就和它羽毛的物理色，也就是结构色有关。在太阳光照射下，紫啸鸫会浑身散发紫蓝色的金属光泽，但是如果在快日落的傍晚或没有太阳的天气下，它在你眼前匆匆掠过，很容易被误认为是黑色。

正在换羽的紫啸鸫

其实在阳光下会产生金属光泽这种现象的鸟类并不在少数，这是因为光照射到羽毛上细小的羽小钩、羽小枝上，它们相互勾连形成的特殊排列结构而产生的折射、干涉等一系列光学现象造成的。鸟类都是利用自然界资源到尽致的大师：改变一下羽片中细微的结构，剩下的交给太阳光吧！

第五章　空中猛禽

　　一提起猛禽，相信大家首先想到的就是"鹰击长空，鱼翔浅底"的壮阔景象。这里所说的"鹰"，其实指代的就是我们本章即将介绍的猛禽。

　　猛禽是鸟类六大生态类群之一，涵盖了鸟类传统分类系统中隼形目和鸮形目的所有种。猛禽不仅仅有"鹰"，还包括雕、鹫、鸢、鹭、鹞、鹗、隼、鸮、鸺鹠等，均为掠食性肉食鸟类。在生态系统中，猛禽处于食物链的顶层，因此个体数量较其他类群少，也正因为如此，猛禽的保护也显得尤为重要。

　　由于需要潜伏捕猎，猛禽的体羽多暗淡，为满足猎杀的需求，它们的嘴和脚部很锐利，通常用利爪捕杀动物，再用尖利的钩状喙把猎物撕成碎片；具有极其灵敏的视力和听力，帮助"猎手"发觉猎物。不同于其他森林鸟类，猛禽的翅膀强大有力，因此能够在高空利用气流盘旋悬停。

　　黄山的猛禽资源丰富，共计调查到23种，仅在石门台一处就记录到白腹隼雕、林雕、鹰雕、凤头鹰、赤腹鹰、松雀鹰、燕隼7种。下面让我们一起来了解这些征服天空的王者吧！

第一节　红隼

一、红色"战斗机"

红隼是小猛禽，体长 33 厘米左右。整体以赤褐色为主，雌雄成鸟差异较大：雄鸟头蓝灰色，背和翅上覆羽砖红色，具倒三角形或爱心形黑斑；雌鸟上体从头至尾棕红色，具黑褐色横斑，明显比雄鸟的斑纹密集。雌雄鸟均下体乳黄色且具深褐色纵纹，爪黑色。

红隼

拉丁名：*Falco tinnunculus*；

英文名：Common Kestrel；

地方俗名：茶隼，红鹰，黄鹰，红鹞子。在分类学上隶属于隼形目隼科。

红隼大部分为留鸟，但也有部分地区的为夏候鸟或旅鸟。红隼的适应性很强，能够在多种生境中生存，多是视野空旷、地势较平坦的环境，比如农田、村庄附近的田野、林缘地带、草原等。这是为什么呢？为了抓老鼠或其他猎物方便，红隼体形和力气较小，区别于在森林中捕食的猛禽，它们偏爱更容易获得猎物的地带，因此会选择和人类社会近距离相处；常单独或成对活动。

红隼雄鸟

红隼是食荤者，食谱中大到老鼠、小型鸟类，小到昆虫、软体动物，红隼无肉不欢。捕食时，它们不紧不慢地巡视着下方的领地，优雅地鼓动翅膀，借助空气的浮力，长时间稳稳地悬停在半空中观察地面。这斯文的姿态很难和发现猎物时迅猛的攻击联系起来。一旦发现目标，它们马上收拢翅膀急速向下俯冲，以迅雷不及掩耳之势将猎物捕获。这一系列动作可能就发生在几秒钟，优雅又帅气——红隼就是这么"飒"。平时它们喜欢站在电线或柱子等的高处，长时间地伫立，仿佛在"思考鸟生"。

飞行中的红隼

其繁殖期为5—7月份。说到猛禽的繁殖，红隼应该算得上是人们了解得最清楚的了。这些大胆的家伙甚至把自己的家直接安在居民楼的阳台上、花盆里或者空调外机上，抱着"反正我这么可爱，你肯定也不忍心伤害我"的"侥幸心理"，红隼的繁殖过程也算是"毫无隐私可言"。和一些"不负责任"的鸟界父母一样，红隼的巢也是相当"豆腐渣工程"，随便捡来几根小棍子，随便搭一搭，最后随便用点落叶羽毛之类的搞个床垫——一个"一星级"的家就这么完成了！不过不用担心，红隼父母自有分寸，简陋的巢窝是以不影响后代的成活率为前提的。接下来，红隼妈妈会在巢里产4～5枚卵，通常每

在电线上站立的红隼

隔 1 天或 2 天产一枚。卵满窝后便开始孵化，雌雄亲鸟轮番上阵，辛苦孵化 28～30 天后，小宝宝就出壳了。红隼崽崽为晚成鸟，刚出壳时一身白色绒羽。后慢慢换羽长出飞羽。需要亲鸟共同喂养 30 天以后才能离巢，完成从小团子到飞行高手的完美蜕变。

二、红隼和它的小伙伴亟须保护

包括红隼在内的所有在我国分布的隼科鸟类，均为我国 II 级重点保护野生动物。即便如此，红隼仍然是非法盗猎行为的严重受害者。不少热衷于饲养猛禽的人都对红隼"偏爱有加"，一些地区封建的鹰猎文化依然在促使着不法分子对本属于荒野和自然的猛禽进行残忍的捕捉和买卖。"没有买卖就没有杀害"不应该仅仅是一句口号，我们要合力保护野生动物，大力打击违法行为，让这些生灵美好的飞羽瞬间一直延续下去。

三、阻挡我的不是大风大浪，而是透明玻璃

红隼作为和人类社会接触最频繁的猛禽，有利也有弊。利是这家伙经常在人家里做窝，在人类的帮助下，存活率提高不少；弊也显而易见：城市中央高耸的写字楼的透明玻璃，混淆了这些天空之王的视听。经常看到这样的新闻：某某地又有红隼一头撞上建筑玻璃死亡。其实不仅仅是红隼，在城市中生活的各种鸟类都会遇到这个问题，就连我们自己有时也会不小心撞到。有科学家研发了一种防鸟撞的新型玻璃：在玻璃中加入能反射紫外线的材质，利用鸟类的紫外线视觉，

防鸟撞贴纸

使得这块玻璃虽在人类看来是正常的透明玻璃，但在鸟的眼睛里就成为一张巨大的"蜘蛛网"，鸟类自然就会避开。但目前这种玻璃还没有在世界范围内被推广，好在要缓解鸟撞并不难：在玻璃上粘贴一些色彩鲜艳的驱鸟标志即可。既能美化建筑的外观又能保护鸟类，为什么不试试呢？

2007 年到 2013 年的《中国民航鸟撞航空器信息分析报告》显示，航空中撞击飞行器频次较多的鸟类里，红隼榜上有名。所以，为了防止发生意外，机场在飞机起飞前都要进行驱鸟，方式有很多种，或人工，或用雷达，或播放天敌的声音等等，你有什么其他好办法吗？一起来想想吧！

第二节 林雕

一、天空一霸

林雕的英文名直译成中文为"黑鹰"，这正是林雕的特征——大型黑色猛禽。它有多大呢？从喙到尾 70 厘米，翅展能达到 178 厘米。我们看到猛禽多半是处于飞翔的过程中，所以飞翔姿态和特点对于识别猛禽尤为重要。林雕除了羽色深以外，翼指 7 枚，翼型呈长方形；两翼后缘近身体处明显内凹，因而使翼基部明显较窄；尾和其他猛禽相比较长；喙基黄色；趾黄色，爪黑色，飞行时常向后收起。

飞行中的林雕

林雕的翼指明显

林雕是留鸟，栖息于海拔 1000～2500 米的山地森林中。林雕常在晴朗有太阳的天气在空中巡游，飞行平稳优雅，飞行技巧高超，较少振翅，以翱翔姿态为主；也能高速地在浓密的森林中穿梭以追捕猎物；

相关链接

翼指 鸟类飞翔时可见外侧飞羽突出的部分，在猛禽中尤为明显，像是人的手指一样根根分明，翼指的数量和形态也是区分在高空中飞翔的猛禽的重要指标之一。

或从高空滑翔。和其他猛禽一样，林雕为肉食性鸟类，主要的食物来源为小型哺乳类和鸟类。台湾猛禽研究会专门研究过林雕的食性，共有 18 笔观察记录及 47 个食丸，结果显示：刺鼠（27 次）、赤腹松鼠（15 次）、小鼯鼠（8

次）及鸟蛋（6 次）。林雕常见的低空巡游，可能就是在伺机捕捉白天在树冠中睡觉的动物以及松鼠巢和鸟巢等。

林雕在山林巡视

林雕常单独或成对活动，具有很强的领域意识，一旦发现有其他猛禽或同类进入自己的"管辖范围"，就会马上主动发起进攻，直到把对方驱逐出境为止。

林雕不善鸣叫，只有繁殖期会发出"依叉、依叉、依叉"的叫声。

林雕是一种广布的大型猛禽，分布于阿富汗、孟加拉国、不丹、柬埔寨、印度、印度尼西亚、哈萨克斯坦、吉尔吉斯斯坦、老挝、马来西亚、缅甸、尼泊尔、巴基斯坦、塔吉克斯坦、泰国、土库曼斯坦、乌兹别克斯坦、越南；在国内

相关链接

林雕
拉丁名：*Ictinaetus malayensis*；
英文名：Black eagle；
地方俗名：黑雕、树鹰。在分类学上隶属于鹰形目鹰科。

分布于华东（包括台湾）和华南地区；在黄山石门峡、黄泥涧等地有调查记录，但是比较罕见。

林雕是鸟类中少数繁殖期"反其道而行"的鸟类，绝大部分动物都是在春夏季节食物最充足的时候进行繁殖，但林雕刚好相反，繁殖期为 11 月—翌年 3 月份。在求偶期，会以独特的飞行姿态向对方展示自己高超的飞行能力：从悬崖顶端"蹦极"式自由落地跳下，坠落到最低点时猛然张开双翅起飞，形成一个大"U"形飞行轨迹，并会重复这个动作。

林雕配对后营巢于浓密的常绿阔叶林或落叶阔叶林中，多置于高大乔木的上部。整个巢看起来庞大但松散，通常都是由比较粗壮的树枝堆积而成，虽然看起来岌岌可危但好在林雕父母自有分寸。窝卵数一般为1~2枚，每年繁殖一次。雏鸟为晚成鸟，出壳后还需要由双亲共同喂养一段时间才能出巢，不过出巢后的小林雕还不能马上独立生活，还需要在父母身边学习飞行和捕猎技巧，并且食物来源也还很大程度上依赖于父母。可见，体形较大的猛禽想要成功繁殖下一代需要付出更多的努力和心血。

林雕为我国Ⅱ级重点保护动物，列入华盛顿公约附录Ⅱ物种。

白腹隼雕

二、黄山"雕"民

除了林雕，黄山还分布另外3种"雕"：蛇雕、白腹隼雕和鹰雕。同作为隼形目鹰科的成员，它们有着共同的特征：肉食性为主的猛禽；善飞行，强健有力；依赖于山地森林；在林间高大的乔木或悬崖上营巢。

白腹隼雕主要分布于黄山石门峡，如果经常在晴好或雨过天晴的中午注意天空，就有机会看到它们。翅展长度稍小于林雕；翼指6枚；黑色翼下覆羽和白色腹部对比明显；尾羽末端黑色。亚成鸟"指尖"刚刚开始转为黑色；翼下覆羽和腹部主要以褐色和浅褐色为主；尾尖端的黑色还未显露。常成对翱翔，巡游领地。

亚成鸟 一般是指那些在出壳后一段时间内（可能是若干周至若干年）不能达到性成熟的鸟种个体发育的一个阶段（时期）。体型越大的鸟类，亚成鸟的时期越长。

鹰雕，记录于石门峡、谭家桥、长源村、慈光寺等地，为黄山罕见鸟种。其主要特征是头上"扎了个小辫子"——长羽冠；体长为三者中最长，但翅展为最小，这就显得整个鸟看起来相对于其他猛禽要"圆润"不少。它飞行时两翼宽阔浑圆；腹部淡褐色和白色斑点交错；尾具宽阔的黑色和灰白色交错排列的横带；常在阔叶林和混交林中活动，也出现在浓密的针叶林中。

识别猛禽和识别柳莺一样，都是一门"技术活"，掌握这门"技术"的方法和捷径就是——多看、多看、多看。所以下次如果在黄山看到猛禽，不妨用相机记录下它们征服天空的样子，也许你会惊喜地发现，是之前从来没见过的新鸟种呢！

飞行中的鹰雕

三、"座山雕"不是林雕的亲戚

《林海雪原》中的"座山雕"，本名张乐山，是威虎山上的匪首，从性质来讲，相当于地方黑社会的头目，因其有着过人的技艺，虽作恶多端但是一直逍遥法外，后来解放军一支骁勇善战的小分队用巧妙的方法，顺利抓获了"座山雕"。

不过"座山雕"这个名号在鸟界也有，和张乐山相似，它也有自己的独门秘籍：体形大、力气大、视力和嗅觉灵敏。这就是秃鹫，鹰形目鹰科一种体形硕大的肉食性猛禽，翅展近3米，见于我国西藏、甘肃一带，居住在海拔较高的险峻山峰上。因为

高山兀鹫

凶猛的性格和"身高优势"，秃鹫在进食尸体时优先于其他鹫类。其他食腐动物只能等秃鹫饱餐完以后来捡拾一些残羹剩饭，秃鹫乃名副其实的鸟界"一哥"。

第三节 赤腹鹰

一、粉粉嫩嫩的掠食者

你能想象长得像鸽子的猛禽是什么样子吗？别着急，今天我们的主角就是凶猛的"鸽子"，不，是凶猛的老鹰。

赤腹鹰因为外形长得像家鸽而被赋予了"鸽子鹰"的外号。体形上两者就相差无几，赤腹鹰体长33厘米左右，和正常的家鸽成体大小相当；所谓的"赤腹"其实并不是指腹部红色，而是偏向于粉

相关链接

赤腹鹰
拉丁名：*Accipiter soloensis*；
英文名：Chinese Goshawk；
地方俗名：鸽子鹰、鹅鹰、鹰芒子。在分类学上隶属于鹰形目鹰科。

色，在繁殖期颜色会稍微加深；头顶和背部的羽色以灰蓝色为主。雌鸟和雄鸟的外形差别不大，雄鸟虹膜呈暗红或近黑色，而雌鸟虹膜为黄色。粉嫩的颜色、圆圆的脑袋、圆圆的鼻孔，使得赤腹鹰看上去十分"可爱"。

赤腹鹰为夏候鸟，栖息于海拔不高于1000米的中低林地，在山地森林和林缘地带活动，有时也见于开阔地带、农田地缘和村庄附近。它是肉食性鸟类，会捕食蛙、蜥蜴、小蛇、鼠类、昆虫甚至其他鸟类；捕食时习惯站在高处向下观察，一旦发现目标便突然冲下捕食；"得手"后会返回电线或树木顶部享用大餐。平时喜独居生活，但在迁徙时常结成大群，在台湾甚至有上千只的记录。

赤腹鹰雄鸟

赤腹鹰雌鸟

赤腹鹰和其他猛禽一样，比较沉默寡言，但在繁殖期会发出急促的"伊儿，伊儿"叫声。赤腹鹰的翅膀比较尖并且很长，在飞翔时能够看到4枚明显的翼指，翼尖黑色，翼下覆羽白色。

在黄山，赤腹鹰为常见的猛禽之一。石门峡景区、新庄、黄山主景区的迎客松等地都有记录。想要观察赤腹鹰，就需要多多了解它们的习性：比如在夏天会迁飞到黄山；喜欢在开阔地活动；站在高处等。

其繁殖期为5—6月份。雄鸟会"引吭高歌"发出啸鸣声来吸引异性注意。巢一般搭建在林中的树丛上，以手指般粗细的干枯树枝做"硬装"，内部衬上新鲜叶片等。窝卵数一般为2～5枚。孵卵由赤腹鹰妈妈完全承担，但雄鸟也不辞辛苦地守护在一边，做好"后勤工作"，给雌鸟带来新鲜的食物，孵化期为30天，在双亲的共同努力下，几个洁白柔软的"小团子"正式和这个世界见面了。别看它们刚出壳的时候看起来弱不禁风，但经过父母一段时间的喂养和教育，它们逐渐褪去身上的绒羽，换上强健的飞羽，掠食者的眼神也变得犀利，这个时候它们就跃跃欲试，冲向天空，创出自己的一片天地了。

二、盘点黄山的"鹰"

黄山鸟类资源丰富，在黄山分布的名字中带"鹰"的猛禽可不止赤腹鹰一种。让我们一起来看看还有哪些"黄山鹰"吧！

凤头鹰分布在浮溪、石门峡景区、长谭村等地，在黄山为常见鸟类，并且四季均可见。凡是猛禽都偏爱视野开阔的地带，凤头鹰也不例外。它们经常在山地森林和山脚林缘地带、竹林和小面积丛林地带活动，偶尔也出现在山脚平原和村庄附近。凤头鹰相对于赤腹鹰来说，性格更为"孤僻胆小"，除了在天空中巡视时比较容易被目击以外，都躲在树叶丛中，加之体色和树干比较接近，不容易被发现。所以，了解它们在飞翔中的特点是辨别它们的关键。其整体以褐色和白色为主，凤头鹰有个搞笑但是贴切的外号——"纸尿裤"，是指尾下覆羽白色且蓬松，看起来就像是穿着一条纸尿裤。

黄山的凤头鹰

飞行中的松雀鹰

松雀鹰这个名字可能听起来过于"学术"，但是"雀鹞"这个名字大家一点不陌生，指的就是松雀鹰。在黄山，它们分布于黄山主景区迎客松附近、石门峡景区等地，体形在25～36厘米的深色鹰，主要栖息于茂密的针叶林和常绿阔叶林以及开阔的林缘疏林地带，常单独或成对在林缘较为空旷地带活动觅食，在林缘高大的枯树顶枝上等待和偷袭过往小鸟。"雀鹞"因为深受鹰猎文化的摧残，可以说是"终极打工鹰"。鹰猎，即驯养猛禽进行捕猎，根据史料记载，早在4000年前，我国一些地方的少数民族就有养鹰、驯鹰的习惯。苍鹰和松雀鹰是人们捕捉和训练较多的"工具鹰"。如果说在古代鹰猎是为了利用猛禽的捕猎特性改善在工具和食物匮乏时期人类的温饱问题，那么现在"鹰猎"却是在利益的驱使下对野生动物的非法捕捉和贸易。根据我国相关法律法规，私自养殖猛禽为违法行为。鹰猎技艺可以适当保留，但是绝不能卷土重来。

雀鹰，又被称为"鹞鹰、细胸、鹞子"。在黄山为较罕见的冬候鸟，仅在新安江一带有记录。"雌强雄弱"在雀鹰中最为突出，雌鸟的平均体形比雄鸟要大6厘米左右。颜色上也相差较大，雄鸟以灰色为主，雌鸟则以褐色为主。飞翔时能够看到尾下的黑褐色横纹。在雀鹰的食谱中，鼠类占大部分，是名副其实的"捕鼠大户"。雀鹰的飞行姿势很有特点：先两翅快速鼓动飞翔一阵后，接着滑翔，二者交互进行；飞行有力而灵巧，能巧妙地在树丛间穿行飞翔。

在树枝中停栖的雀鹰

第四节 黑鸢

一、城市最常见猛禽

黑鸢体长 54～66 厘米，翅展 150 厘米；整体深褐色；飞行时能够看到它们的尾长而略向内凹陷形成开叉，这是识别黑鸢的最主要特征，也是全国所有猛禽中独有的特征。飞翔时翼下左右各有一块大白斑，位置在近翼指

相关链接

黑鸢

拉丁名：*Milvus migrans*；

英文名：Black Kite；地方俗名：老鹰、麻鹰。在分类学上隶属于鹰形目鹰科。需要说明的一点是：我们之前常说的黑耳鸢目前已经被归类为黑鸢的一个亚种，而不再是一个独立的种（大哥变小弟，黑耳鸢哭泣）。

端；翼指为黑色；从而形成鲜明对比。几个明显的特征使得黑鸢成为识别猛禽的"入门级物种"。如果运气好，刚好偶遇一只停栖的黑鸢，你会发现它的虹膜暗黑色、嘴黑色、脚和趾黄色、爪黑色，头有时比背色浅。

黑鸢栖息于中低海拔地区，开阔平原、草地、荒原、湿地是它们偏好的生境类型，也常在港湾、湖泊上空活动；黑鸢也是和人类关系比较密切的猛禽之一，它们喜开阔的乡村、城镇及村庄。在城市中看到它们时，经常停栖在柱子、电线、建筑物的高处。黑鸢飞翔姿态和它们的名字"kite"一样，翱翔或盘旋时像是一只风筝，优雅盘旋、缓慢振翅，看起来从容不迫。它们在全速飞行时速度很快，翅膀有力。

黑鸢

飞行中的黑鸢

黑鸢肉食性，主要以小鸟、鼠类、蛇、蛙、鱼、野兔、蜥蜴和昆虫等动物性食物为食，偶尔也吃家禽和腐尸，还有记录显示黑鸢在垃圾场翻垃圾。黑鸢在捕猎时勇猛凶残，一旦锁定目标便迅速俯冲直下，毫不迟疑地用利爪将猎物置于死地。而后，它们通常会飞回原来停栖的位置，一边欣赏风景，一边享受美食。

黑鸢平常单独活动，有时也会叫上好友一起活动。它们飞翔时会边飞边发出叫声，叫声为嘶哑拖长的"嚓—嚓—"声，并带有颤音，极具穿透力。

在黄山，黑鸢为留鸟，我们在黄山区西北部的太平湖风景区记录到数量较多的黑鸢，为当地的常见鸟。如果你正打算学习识别猛禽，又被它们相似的外观和辨认的难度吓到，那就先从黑鸢开始吧！

其繁殖期为 4—7 月份。它们常营巢于高大树上，也营巢于悬崖峭壁上。和其他"心大"的猛禽一样的"通病"是：它们都对自己"拙劣"的建筑技巧自信满满。好吧，粗壮的树枝似乎是大型猛禽营巢时的必备巢材，巢由配对好的"夫妻"共同搭建，相比于其他猛禽，似乎它们的分工更明确：雄鸟负责"搬砖"，雌鸟留在巢上将这些树枝搭建起不容易松散的结构，内部再垫上一些柔软的巢材，就可以产卵了。体形较大的猛禽窝卵数都不会很多，一般控制在 2～3 枚，孵化期为 38 天，由双亲轮流孵化。刚出壳的猛禽雏鸟似乎都是白色的"小团子"，在亲鸟耐心

黑鸢幼鸟

哺育下慢慢褪去稚气，换上坚韧强大的飞羽，差不多两个月以后，它们就做好了挑战天空的准备。

二、城市上空的"野生风筝"

黑鸢是很好地适应了城市生活的猛禽之一。一些城市在适当的时间就能见到黑鸢"仪仗队"。在国外更甚，如肯尼亚的梦马萨和印度的新德里，这种大城市的上空甚至会出现黑鸢的"鹰柱"。黑鸢可以算得上是世界上最常见的猛禽之一。

　　黑鸢在城市中生活，除了捕捉小型动物，还有什么其他方法得到食物呢？不难猜到——垃圾堆。谁能想到这些看起来威风凛凛的猛禽不仅喜欢在垃圾堆翻翻找找，甚至还把垃圾"打包带走"，拿回自己的巢里做装饰品。台湾猛禽研究会利用红外相机对当地的一巢黑鸢进行了持续拍摄，发现这对"夫妻"自从尝到了"捡破烂"的甜头以后一发不可收拾，零食、尸体、棉布手套、塑料袋、卫生纸等也被它们大量地捡回来当作巢材或装饰品。根据长期的研究结果发现：在黑鸢的世界里，家里垃圾越多，代表个体的能力越强！

　　猛禽离我们并不遥远，"老鹰"就在我们身边，你还能想到哪些在人类城市中生活的猛禽呢？

三、纵火罪重大"嫌疑鸟"——黑鸢

　　"会做家居装饰的鸟一般智商都不会太低"，黑鸢也正是如此。比如澳洲大火时，黑鸢就"帮了不少忙"——虽然是帮倒忙，但也足以显示它们的聪明才智。

　　有消防员表示他们亲眼看到黑鸢叼着点燃的小树枝空投在没有火情的地方，这令他们很伤脑筋。有人推测其原因可能是这些鸟类在闻到人类"烤肉"的味道时被香味"馋昏了头脑"，也想尝试把其他小型动物困在火场里进行一次

澳洲大火中的黑鸢

"户外烧烤"，等小动物自己把自己加工熟了它们就可以享受垂涎已久的美味了。但也有可能只是黑鸢天生"皮"的性格，谁知道呢？唯一可以肯定的是，这些荒野精灵，有着超乎我们想象的智力。

第六章　身边的鸟类

　　"小燕子，穿花衣，年年春天来这里……"这首儿歌相信大家都不陌生。从儿时起，我们就接触到了鸟类；长大以后，大部分人生活在城市中，学习、工作……使得我们能够亲近大自然的时间越来越少，好在生活在我们身边的鸟儿并不在少数。这些鸟类具有极强的适应人类社会的能力，性格不甚畏人，甚至学会了利用人类建筑提供的便利哺育下一代。

　　人类同样需要鸟类的帮助，比如减少城市中的蚊虫数量，控制农产品病虫害等。看到燕子飞来做巢，预示着春天的脚步接近；听到"伯伯播谷"的"催促"声，说明到了吃西瓜、吹空调的夏季；天空飞过队形排列整齐的大雁，秋天已经到来；黄山的虎斑地鸫开始在地上挑来选去地找食物，新的一年也就不远了。

　　本章我们从高山、森林、灌丛、溪流、湿地、高空归来，回到我们居住的城市或乡村。在我们身边，和我们朝夕相伴的"鸟朋友"是我们最应该重视的。相信本章中的几种鸟类大家也一定见过或听过，能不能说出它们的名字呢？我们这就开始吧！

第一节　家燕

一、你注意过最常见的鸟吗？

家燕应该是人们最熟悉的，它是和人类关系最密切的鸟类之一。它体长约 20 厘米。整体为辉蓝及白色调；背部为具金属光泽的辉蓝色；前额红栗，颏、喉棕栗，颈部有黑色环；胸、腹白色或棕白色；

家燕

拉丁名：*Hirundo rustica*；

英文名：Barn Swallow；

地方俗名：观音燕、燕子、拙燕。在分类学上隶属于雀形目燕科。

翅狭长而尖，飞行时可见飞羽上的蓝色金属光泽；尾长、呈深叉状，近端处具白色斑点，开衩的尾巴也是人们辨识家燕的重要特征之一；雄性家燕尾羽的长度在性选择中是被雌性看作非常重要的、衡量雄性身体是否健康强壮的指标之一。幼鸟尾较短，羽色较暗淡。

家燕

家燕是一种高度适合城市和乡村生活的鸟类。相对于荒野，它们更偏向于选择人居环境的周边，在房檐下筑巢，平时以高超的飞行技巧游刃有余地穿梭在车水马龙的交通之中，飞累了就停歇在电线上或屋檐上。家燕在我国大部分地区都属于夏候鸟，看到家燕的身影，就说明春天又近了。

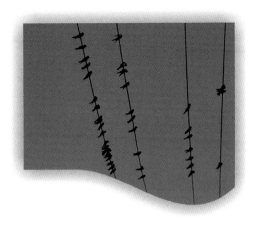

在电线上停栖的燕群

但近几年来，在一些南方沿海地区，因为冬天的气温并不低，家燕便逐渐在该地成为留鸟。主要以昆虫为食，比如常见的蚊、蝇、蛾、蜂、蚁、叶蝉、象甲、金龟甲、蜻蜓等昆虫，都在它们的食谱中。可以说家燕是大自然的益鸟，每天不停地飞行，就是在空中捕捉飞虫。

在黄山，家燕广泛分布于村庄，非常常见；我们在调查过程中，在新安江、谭家桥等地都记录到比较多的家燕种群。

家燕通常在迁徙归来不久后即开始繁殖活动。繁殖期的雄鸟和雌鸟都比较活跃，成双入对活动，经过一段甜蜜的"恋爱期"后，即开始筑巢，不同于其他鸟类把巢筑在远离人类的隐蔽处，家燕"冠冕堂皇"地在人类居住的屋檐下筑巢，有时甚至飞进屋里把巢筑在屋内的横梁上。在黄山我们就看到不少家燕"飞入寻常百姓家"，可见黄山人民爱鸟护鸟的精神。

飞行捕食中的家燕

筑巢时，雌雄亲鸟轮流从江河、湖泊、水田、沼泽、池塘等水域或湿地衔取泥巴或沾着泥巴的枯草、线等，混上自己的唾液，形成一个"小丸子"的形状，一圈一圈地搭起一个巢来。建设完成的巢非常坚固，细心的亲鸟又在巢内铺上一层柔软而干燥的细草茎，一个"五星级"的家就完成了，家燕巢的形状一般呈开放式的碗状。

黄山在居民家中筑巢的家燕

正在衔泥筑巢的家燕

窝卵数一般为 4~6 枚，孵化期为 15~16 天，雏鸟为晚成鸟，出壳后需要亲鸟持续喂养 22~23 天才能离巢。有的家燕可以在一年之内繁殖两巢小宝宝，通常第一窝在 4—6 月份，第二窝在 6—7 月份。

家燕喂雏

二、在谈论"燕子"时，我们在谈论什么

当我们说"燕子"时，其实从学术意义上讲，是泛指雀形目燕科大家族中的所有种类，共88种，166亚种。家燕作为燕科鸟中的"模范生"，体现了这一家族成员的共同特征：善于飞行的小型鸣禽。首先，飞行能力强，这一点是毋庸置疑的；其次，它们大部分具有中等长度且分叉的尾巴；再次，都善于"攀岩"，营巢于岩壁、屋梁以及人工建筑的屋檐下。

中国有14种燕科鸟，它们在全国分布，我们常说的"燕子"，其实不单单指家燕，还有一种与家燕生活习性、活动范围重叠的燕科鸟。在黄山，这两种鸟均有分布，甚至可以在同一个村民家的屋檐下筑巢，它就是金腰燕，因为胸腹部具斑纹，因此也被称为"麻燕"。

金腰燕和家燕虽时常"处于同一屋檐下"，但是"家居装饰"的风格却大不相同。金腰燕的巢一般呈水壶形，只在侧面有一个小洞口；而家燕的巢呈半碗状，开放式"屋顶"，这也是为什么家燕昵称为"拙燕"。虽然垒巢不易，但是金腰燕的巢做得更为精巧，"五星级"的家燕巢与之相比也只能相形见绌。

金腰燕及巢

因为家燕和金腰燕在国内的分布范围大面积重合，小伙伴们在去农家乐或乡下玩耍时，要多注意屋檐下这些"精细的附属建筑"，也许能认识两种不同的鸟类呢！

三、燕窝燕窝，燕子的窝？

首先，我们要明确什么是燕窝：雨燕目雨燕科的部分雨燕和金丝燕属的部分金丝燕分泌出来的唾液，再混合其他物质所筑成的鸟巢。

我们常说的"燕子"指的是雀形目燕科的鸟，虽然两者名字里都有"燕"字，但"此燕非彼燕"，它们之间的差别就相当于斑鸠和白鹭，在亲缘关系甚至连"远亲"都算不上。

那么，燕窝中的营养物质到底是什么呢？首先，其含有丰富的氨基酸种类，如苯丙氨酸、亮氨酸、赖氨酸、精氨酸等；其次，燕窝中含有较高含量的蛋白质；另外，燕窝的特征物质为唾液酸，又称燕窝酸，是燕窝的主要生物活性成分，学名"N－乙酰基神经氨酸"，是一种天然存在的碳水化合物。有提高记忆力和人体免疫力的功效。

第二节　麻雀

一、最熟悉的鸟

麻雀高度适应与人共处的环境，大家在生活中应该对它们并不陌生。它们矮圆而活跃，体形略小，体长 14 厘米。整体以褐色和皮黄色为主，雌雄成鸟无明显差异。成鸟上体褐色，背部有黑色条纹，这些条纹在人们看来更像是"麻点"，因此而得名"麻雀"。下体皮黄灰色；头、颈栗色较深，前胸灰色较深，尾浅褐色；喉部黑色，脸颊具黑色斑块，像是涂了两块"腮黑"，憨态可掬，这个特征也是辨别麻雀和家麻雀及山麻雀的关键。

麻雀

说到麻雀，小伙伴们的第一反应恐怕是"这种鸟我见过！""就在我家楼下花园的树上和草地上活动。""每次都能看到很多只，它们在一起玩耍。"这其实就已经把麻雀的习

麻雀
拉丁名：*Passer*；
英文名：Sparrow；
地方俗名：家雀儿，树麻雀。在分类学上隶属于雀形目雀科。

性概括得七七八八了。这种高度适应了人类社会的鸟类是我们生活中最常见的野生动物之一，和家燕一样，它们非常善于利用人类社会能够带给它们的"便利"，比如栖息于居民点和田野附近；营巢于人类的建筑物的缝隙中，如屋檐、墙洞等；性活泼而胆大，经常成群活动，在秋冬季节结成大群，数量甚至几百上千只；和家燕不同的是，麻雀是留鸟，并不迁徙；活泼好动又"话痨"，常频繁地飞来飞去或在地上跳跃奔跑，同时发出叽叽喳喳的叫声，略显嘈杂；飞行能力不强，一般不做远距离飞行，飞行速度快，两翅有力；杂食性，主要以草籽、谷粒、种子、果实等植物性食物为食，但在繁殖期，亲鸟会喂食雏鸟大量的昆虫。

在黄山，麻雀是非常常见的鸟类，几乎在每一个调查地点都能记录到，绝大部分出现在较低海拔，比如村庄、田野以及居民区等。

麻雀的繁殖能力很强，除了温度低且匮乏食物的冬季，它们基本上全年都处于"繁殖期"。一般一年可以繁殖 2～3 次，在平均温度较高的我国亚热带地区甚至可以达到 4 次。

虽然没有浪漫的求偶和恋爱仪式，但这些"矮胖矮胖"的小鸟，也可以算得上是鸟界的"霸道总裁"，它们会用武力方式抢占家燕或金腰燕筑好的巢，占为己有；也会自己筑巢，一般营巢于人类居住的房舍、桥梁或其他建筑物上，还会利用人工巢箱和其他鸟类废弃的巢。有了"固定产房"的麻雀在繁殖期每天会产 1

麻雀正在取食晾晒的粮食

枚卵，窝卵数 4～8 枚。孵化期为 11～13 天，鸟爸爸和鸟妈妈轮番上阵，共同孵卵。鸟宝宝为晚成鸟，出壳后仍需要亲鸟共同抚养 15～16 天才能离巢，在生长期间，负责任的鸟家长会尽可能地捕捉肉肉的昆虫喂养自己的孩子，每只雏鸟每天要消耗大量的昆虫，这可累坏了它们的父母，每天要喂食 200 次以上才能保证宝宝的需求。

麻雀占用金腰燕的巢

二、曾经的人人喊打，现在的人见人爱

麻雀曾一度被推向"消灭"的边缘。1958 年，麻雀因为在秋收季节大群地飞到农田里啄食粮食而被定为"四害"之一，和苍蝇、蚊子、老鼠一起成为当时人们打击的对象，毁巢、捕杀等行为给国内的麻雀种群险些带来灭顶之灾。但仅过去两年，结果却与期望背道而驰：因为没有了麻雀捕食害虫，粮食因为虫害造成的损失已经远远超过麻雀啄食的量，全国人民赖以生存的水稻产量一度跌至冰点，好在麻雀被及时"平反"，没有造成严重后果。尊重其在生态系统中的地位，采用合理的

麻雀四害宣传海报

方法防治麻雀过量地取食粮食，小伙伴们，你们能想到什么好的方法呢？

美国生态学家蕾切尔·卡逊在其著作《寂静的春天》一书中，描写了杀虫剂是如何对当地的生态系统造成严重破坏的，引发了人们对于"生态系统是一个相互关联的网络"这一事实的认识和思考。同样，如果我们仅仅用"是否对人类有好处"的思维模式去定义一个物种，判定它的利弊——对人类有益处的物种就任其大量繁殖，给人类带来经济损失的就一味地捕杀消灭——这势必造成生态位上的改变甚至空缺，从而给整个生态系统网络带来崩塌的潜在威胁。顺应自然，尊重自然才是人类和自然相处的王道。

三、麻雀与山麻雀

黄山有两种"麻雀",除了我们今天的主人公之外,还有一种叫作山麻雀。两者在外观上比较好区分,最显著的不同就是山麻雀整体偏红褐色,且脸颊无黑斑。这两位虽是近亲,但一个"守田",一个"守山"——麻雀住在和人类社会距离较近的田野,山麻雀则偏爱森林和灌丛。下次在黄山遇见"麻雀"时,如果仔细观察,说不定就能看到山麻雀呢!

山麻雀

第三节 棕背伯劳

一、小鸟凶猛

棕背伯劳属于体形略大的伯劳,体长25厘米左右;整体以棕、黑、白为主羽色;嘴端钩曲;头顶灰色,具一明显的黑色"眼罩",覆盖范围宽至上额;背部由灰色过渡至棕黄色,两翼黑褐色,腹部白色,腋下及两胁栗色。尾黑色且长。它有两种色型,深色型的"暗黑色伯劳"在国内华南及香港地区比较常见。

捕食的棕背伯劳

它们性格大胆，不甚畏人，活动范围和人类活动范围有一定的重叠；主要栖息在海拔 1800 米以下的低山丘陵和山脚平原地区，适应农田、荒地、林地、城市、公园等多种生境；偏爱开阔地，经常立于高枝或电线上巡视四周，一旦发现猎物便猛然飞出捕食；具有极强的领地意识，会驱逐进入领地的同类。它们是彻头彻尾的食荤者，性情凶猛，捕猎的食物小到飞行中的昆虫、蝗虫及甲壳虫，大到其他鸟类；

蜥蜴、小蛇、老鼠、蛙类等都是它们喜爱的"美食"。棕背伯劳叫声粗哑刺耳又带颤音，光听这声音也能想象出"壮汉"的形象了。

棕背伯劳在黄山为常见鸟种。

繁殖期的雄鸟具有非常强的领域意识，会提早选定自己心仪的区域占领。时刻坚守自己的领地，通过叫声向同类宣示自己的主权；会站在领地的高处巡视，一旦发现有其他雄鸟进入或接近自己的"管辖范围"，便会毫不迟疑地发起攻击加以驱逐。配对后开始营巢，一般选在树上或高的灌木上。巢呈碗

棕背伯劳

装或杯状。巢材由细枝、枯草、树叶构成，巢内铺有柔软的草茎等。窝卵数一般为 3～6 枚，雌雄亲鸟共同孵卵，孵化期为 12～14 天，雏鸟为晚成鸟，出壳后需要双亲继续抚育 13～14 天才能出巢。

棕背伯劳

拉丁名：*Lanius schach*；

英文名：Long-tailed Shrike；

地方俗名：黄伯劳、长尾伯劳。在分类学上隶属于雀形目伯劳科伯劳属。

棕背伯劳幼鸟

二、鸣禽中的"猛禽"

猛禽中没出过会"鸣"的，但是鸣禽中倒是出了一个挺"猛"的，这就是棕背伯劳——既猛又萌。

棕背伯劳具有一切猛禽该有的特征：凶猛的性格、无肉不欢的食谱、钩曲尖利的喙、健壮的体格；这些"酷炫"的特点对于棕背伯劳来说"只道是寻常"，它的"隐藏技能"是会模仿其他鸟类的叫声。虽然自己原始的声音是个"大老粗"，但是做起"模仿秀"来竟惟妙惟肖，这其实是棕背伯劳的一个"小心机"——模仿叫声，吸引其他鸟（主要是不谙世事的雏鸟）上钩，以达到"得来全不费工夫"的效果。

棕背伯劳常单独活动，这也成就了这个"孤单的美食家"，就像来到高档餐厅吃牛排时会仔细顺着牛排的纹路切割成小块，再伴着红酒慢慢品尝是一个道理——棕背伯劳会将猎物固定在树枝或是尖刺上，然后用勾曲的利嘴撕扯进食。也有一种说法是：伯劳会将没有吃完的食物挂起来晾晒保存，但是这种说法并没有得到确切的考证，并且看起来似乎它们会忘记自己还保存着没有吃完的食物。

伯劳的食性不同于其他鸣禽，和猛禽一样，伯劳会"吐食丸"。

棕背伯劳正在把食物挂在枝条上

捕食性鸟类在两餐之间必须吐出食丸。食丸是鸟类吃进的食物中不能被吸收或排泄的东西在胃中凝结成团状，一般由各种各样的东西组成——从昆虫外骨骼和甲壳动物的外壳，到牙齿、骨头和泥土，还有偶尔吞下的东西。所以，如果你留意棕背伯劳经常活动的区域，说不定就能发现它们留下的食丸呢！

伯劳的凶猛基因已经被刻在它们的名字里，英文名字中的"shrike"是"伯劳"的专属。第二次世界大战期间有人用这个名字给战斗机命名，自带"攻击属性"。

三、棕背伯劳的"黑化"与鸟类的"白化"

棕背伯劳的"黑化"算是鸟类中比较常见的羽色异常现象。有研究发现，黑素皮质素受体 1 基因是控制动物黑色素合成的重要基因。结果对于黑化的和正常的棕背伯劳的基因测序实验证明：其黑化程度与上述基因碱基片段缺失密切相关。

黑化的棕背伯劳

不仅有"黑化"，在鸟类中，"白化"也很常见。白化病是由于基因突变导致黑色素生成一种无法治愈的隐性遗传病。目前记录到在灰背伯劳、白鹡鸰、乌鸫、麻雀、小鹭鹭、孔雀中都有白化现象发生。

白化 和人类的白化一样，鸟类也有先天的白化现象。一般表现在羽毛羽色较正常羽色浅或全白。但白化个体在体内结构与各种脏器上与同种的其他个体并无差异，也具有繁殖后代的能力。

鸟类五彩斑斓的羽毛颜色是怎么产生的呢？一种是色素色，也就是由色素沉着形成；另一种是结构色，是羽毛上的特殊结构反射光线形成的。

鸟类羽色中利用到的色素主要分为三类：类胡萝卜素、黑色素和卟啉。这三种色素在鸟类身体各部位羽毛中表达程度不同，从而调节出现代鸟类五彩斑斓的羽色。但鸟类体内的色素也并非仅仅来源于基因细胞层面，也来源于食物，这也

白化的白鹡鸰

就解释了为什么火烈鸟的羽色会随着食物的摄入量而变化。

第四节　白鹡鸰

一、把自己名字当口头禅的小鸟

以白、灰和黑色为主色调的中等体形鹡鸰，体长 20 厘米左右。上体灰色，下体白色，飞羽黑白相间。头顶后部、枕和后颈以及胸前黑色，并且黑色的面积会随着个体所处不同时期而变化，也会因亚种的不同存在一定的差异。胸前的黑色斑纹有时呈现倒置的半圆形状，酷似戴着一块"肚兜"。嘴黑、细尖，脚黑、细长，虹膜褐色。

白鹡鸰

它们常见于中低海拔地区，高可至海拔 1500 米。白鹡鸰偏爱近水环境，多在水边或水域附近的草地、农田、荒坡或路边活动，也在地上或岩石上、小灌木或树上活动；杂食性，主要以昆虫为食，在地上挖掘土里的虫子或突然飞起捕捉空中的昆虫；偶尔也吃"素食"，比如植物的种子、浆果等。它们常单只或成对活动，有时也结成 3～5 只的小群，迁徙时会组成 10～20 只的大群。但白鹡鸰在黄山属于留鸟并不迁徙。

如果你仔细观察白鹡鸰的日常活动，会发现它们或在地上慢步行走，或跑步捕食，或边飞边捕捉周围飞行的昆虫。当它们停下来时，尾会不住地上下摆动，仿佛在跟着节奏"蹦迪"，这一奇特的行为也是这一类鸟被称为

白鹡鸰
拉丁名：*Motacilla alba*；
英文名：White Wagtail；
地方俗名：白颤儿、白面鸟、点水雀、张飞鸟。在分类学上隶属于雀形目鹡鸰（读音同"及灵"）科。

"wagtail"（摆尾）的原因。白鹡鸰的飞行姿势也很特别，飞行轨迹呈波浪形，它们似乎很会"偷懒"，会快速而有力地扇几下翅膀然后马上收回，让自己靠空气的浮力和风力像一个"子弹"一样"飞一会儿"，也许这种看起来"偷懒"的行为实际上是这些小小的飞行家对于空气动力学的完美应用吧！

其叫声为响亮而尖细的"吁吁"声；飞行时发出"jiling-jiling"的叫声，这也是它们的名字"白鹡鸰"的由来。

在黄山进行调查的过程中，记录到白鹡鸰在谭家桥、宏村、新安江几个区域较常见。

因为分布广泛，目前已确定的有 7 个不同的亚种，这些亚种的主要区别在于背部颜色（黑还是灰）、有无眼纹、颏部颜色以及颈部黑色与胸前黑色是否相连。如果小伙伴们在观鸟的时候看到一只偏灰色的白鹡鸰，不仅要考虑亚种的区别，还需要考虑年龄，也许人家还是个宝宝呢！总之，白鹡鸰在羽色上差异较大，想要真正分清它们的亚种和年龄，唯一的方法就是多多观察，多多记录，多多总结啦！另外，黄山不仅有白鹡鸰，还有它的"亲戚"黄鹡鸰、山鹡鸰、灰鹡鸰分布，灰鹡鸰和白鹡鸰的关系最好，平时也总喜欢在一起玩耍。

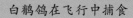

白鹡鸰在飞行中捕食

白鹡鸰普通亚种　　　　　　　白鹡鸰灰背眼纹亚种

白鹡鸰幼鸟

　　其繁殖期为4—7月份。白鹡鸰夫妇没有轰轰烈烈的求偶和恋爱，但这并不影响它们把自己的小日子过得温馨甜蜜。白鹡鸰喜水，它们通常会选择把家建在距离水源较近的岩壁缝隙、河岸、灌丛或草丛中。亲鸟会用柔软的枯草叶仔细地编制成一个轻巧但紧密的杯状巢，再精心挑选一些兽毛、绒毛等柔软物作为"床垫"。窝卵数一般为5～6枚，孵卵由鸟爸鸟妈轮流承担，孵化期为12天，雏鸟晚成鸟，出壳后由亲鸟共同抚育14天左右离巢。

二、走还是跳这是一个问题

"白鹡鸰跑来跑去，麻雀蹦蹦跳跳"，这其实是一个有趣的现象——为什么有的鸟只会走不会跳，而另外一些只会跳不会走？回答这个问题的关键就是：能量消耗。

小短腿跑不快怎么办？人类可以借助工具，滑板、轮滑、平衡车等等，但是鸟类不会使用工具，就只能把自身优势用到极致，那就是它们的中空气质骨和一切能够减轻身体重量的特征。对于一些体形小、体重轻，但是却天生一副小短腿的鸟类（如雀形目雀科的鸟类）来说，虽然跑得不快，但是轻啊，腿强健有力，可以在"跳远"上有所发展！反之，选择了"走路"而不是"跳跃"的一些鸟类，总会在它们身上找到其特征：体形较大；体重较重；先天大长腿；更多偏向于在草丛或地面活动。野生动物都会在自己生存的环境中尽可能为自己最大限度地争取"利益"，发挥自己的身体优势，不浪费不必要的能量，从而在觅食、争夺资源、迁徙等大量消耗能量的过程中存活下来。鸟类都会"精打细算"地生活。

白鹡鸰在湿地中捕食

麻雀跳

三、张飞鸟——到底是暴躁还是害怕？

鲁迅先生在《从百草园到三味书屋》一文中说道："白颊的'张飞鸟'，性子很躁，养不过夜的。"这里的"张飞鸟"其实指的就是白鹡鸰。我逛过不少花鸟市场，基本上未见过笼养的白鹡鸰。听不少养鸟人说过例如麻雀等鸟类都无法在笼中养活，他们一般的说法是，这种鸟性情暴躁，会一遍一遍撞向笼子，最终自己把自己气死。其实，"气死"指是动物的一种应激反应，对于野生动物来说，绝大部分并不是"生气"，而是"害怕"。受到惊吓的鸟类会在短时间内分泌过量的糖皮质激素，促使血糖含量升高，为脑提供更多的能量而提高神经系统的兴奋性以迅速躲避天敌、恶劣气候以及发现食物。因此，鸟类会不停地冲撞，脱水，最终死亡。不同种类的鸟类也有着不同的性格，产生应激反应的程度不同。如果喜欢养鸟，一定要选择驯化成熟的、适应了笼养生活的观赏性鸟类。而对于野生鸟类，到野外去看看它们在大自然中自由自在生活的样子远比占有它们更美好。

黄山鸟类研学之旅

　　鸟类是自然生态系统中最活跃、最引人注目的组成部分，也是目前国内外自然教育的重点内容。黄山风景区鸟类资源丰富，独特的地质地貌条件和保存较为完整的中亚热带天然针叶林生态系统为鸟类提供了适宜的栖息场所；黄山包含多种生态系统，生境类型复杂多样，为不同生态位的鸟类提供了生存空间。2015—2017年我们开展的调查共在黄山记录鸟类185种，包括6大生态类群，分布于黄山的森林、溪流、灌丛、高山草甸等生境。

一、研学目标

　　1. 学习如何观鸟，知晓观鸟的原则及观鸟过程中应该注意的事项，学会使用手册及软件进行鸟类识别，了解双筒、单筒望远镜及三脚架的操作。

　　单筒望远镜 是一种用于观察远距离物体的目视光学仪器，在观鸟中一般用于观察因为机警而只能远距离观察的鸟类，如雁鸭类等水鸟。

　　2. 认识几种常见或具有"黄山"特色的鸟类，如棕噪鹛、蓝鹇等，学会在短时间内抓住物种特征，并做简单的自然观察笔记。

　　3. 在黄山森林、湿地、灌丛、高山草甸等生境类型中观察不同生态位的鸟类类群，思考这些鸟类为适应生存环境进化出哪些不同特征。

二、研学内容

1. 观鸟入门

　　学习如何观鸟，观鸟过程中哪些该做哪些不该做？观鸟需要用到的材料有哪些？

　　【背景材料】

　　（1）观鸟原则

　　任何一点人为活动可能都会对自然界野生鸟类产生某种程度的伤害，愿我们在观鸟时能谨守如下守则：

①保持适当观赏距离，以免干扰亲鸟的行为。

②避免穿着鲜艳抢眼的服装，不要颜色鲜艳的，也不要大面积白色的，最好是灰、黑、蓝、绿、迷彩等颜色，最好防雨，以防万一。

③如果需要拍摄野生鸟类，应采用自然光，不可使用闪光灯，以免惊吓它们。

④对野生鸟类要有耐心，不可使用丢掷石头、击掌等行为刺激鸟类。

⑤保持轻声耳语交流，不要高声喧哗惊扰鸟类。

⑥请尊重鸟类的生存权，不要采集鸟蛋，不捕捉野鸟。

⑦注意安全，不单独行动，不下水。

⑧爱护自然，不随地吐痰、乱扔瓜皮果壳；不随意折树枝、采摘花朵。

（2）观鸟需要准备的材料

①观测林鸟时需携带双筒望远镜或长焦相机；观测水鸟或距离较远的鸟类需要携带单筒望远镜及三脚架。

②观鸟手册或提前下载好手机软件。

长焦相机　主要特点其实和望远镜的原理差不多，通过镜头内部镜片的移动而改变焦距。当我们拍摄远处的景色或记录和我们之间有一段距离的鸟种时，长焦的好处就发挥出来了。

③笔记本，及时记录下观察到的鸟类的特征。

学习使用双筒及单筒望远镜

自然观察笔记

2. 分别在不同生境类型中观察鸟类

黄山主景区——森林及高山草甸；浮溪——阔叶林及竹林；

谭家桥——农田及湿地；新安江——河流。

在各种生境类型中观察不同生态位的鸟类类群，思考在相同生境类型中生活的鸟类在外形或行为上有哪些相同点及不同点。

【背景材料】

游禽：趾间常具发达的蹼。例如：鸳鸯、斑嘴鸭、绿翅鸭、普通鸬鹚等。

涉禽：适于涉水生活，嘴、颈和腿均细长；和游禽不同的是蹼不发达。如：池鹭、白鹭、青脚鹬、长嘴剑鸻等。

猛禽：天气晴好的上午或中午在高空盘旋捕食，飞行能力强；嘴具利钩，脚强大；例如：红隼、黑翅鸢、林雕等。

攀禽：进化出适于攀缘的脚趾特征；如：斑姬啄木鸟、普通翠鸟等。

陆禽：性羞怯，善于地面行走，不善长距离飞行。如：白鹇、灰胸竹鸡等。

鸣禽：性活泼，善于鸣转。如：画眉、红嘴相思鸟等。

鸟类观察记录表

地点名称	鸟类名称	我观察到的外形	我观察到的行为
黄山主景区			
浮溪			
谭家桥			
新安江			

3. 认识几种常见鸟类

【背景材料】

（1）景区南大门至温泉酒店路线：常见鸟类有白鹇、大拟啄木鸟、灰头绿啄木鸟、星头啄木鸟、斑姬啄木鸟、大斑啄木鸟、山斑鸠、白冠燕尾、小燕尾、红尾水鸲、紫啸鸫、领雀嘴鹎、白头鹎、黑鹎、绿翅短脚鹎、栗背短脚鹎、灰喉山椒鸟。

（2）谭家桥：主要鸟类有斑嘴鸭、鸳鸯、黑水鸡、普通翠鸟、蓝翡翠、灰头麦鸡、鹰雕、白头鹎、领雀嘴鹎、橙腹叶鹎、红嘴蓝鹊、白鹡鸰、麻雀、家燕。

（3）浮溪：常见鸟类有林雕、凤头鹰、红尾水鸲、白额燕尾、紫啸鸫、褐河乌、红嘴蓝鹊、灰树鹊、山麻雀、大山雀、红头长尾山雀、黑眉柳莺、冠纹柳莺、白头鹎、红头穗鹛、画眉等。

4. 认识几种具有"黄山特色"的鸟类

【背景材料】

黄山主景区内云谷索道上站至玉屏索道上站沿途。该区海拔较高，大都在 1500 米以上，植被茂密，主要为黄山松林和阔叶林。分布的鸟类与低海拔区域有较大的区别，常见种类有红嘴相思鸟、棕噪鹛、烟腹毛脚燕蓝鹀等。其中烟腹毛脚燕聚群在各索道站及宾馆等人工建筑（如云谷索道站、玉屏索道站、友谊广场、白鹅宾馆、迎客松景区）筑巢繁殖，数量较多；蓝鹀在白鹅岭至玉屏索道上站口沿途常见；棕噪鹛主要分布于高海拔区域，冬季会下到温泉酒店周边，优势种，数量多；红嘴相思鸟在景区内常见，在半山寺（吊桥）的登山道上常见。

【观赏指南】

（1）红嘴相思鸟：留鸟；杂食性，主要以昆虫为食；常栖居于阔叶林的灌丛或竹林中；性喜结群或与其他鸟混群，活泼好动，喜在树丛中集群飞行、穿梭，不停地欢跳和鸣叫；雄鸟鸣唱时常扇动双翅，耸竖体羽，声脆响亮，多变悦耳；雌鸟只能发出低沉单一的"吱吱"声。

（2）蓝鹀：杂食性；常栖息于海拔较高的次生林和灌丛中；性胆大，不甚怕人，一般多单独活动，有时也结成 3～5 只的小群，在地上、电线上或山边岩石和幼树上活动和觅食；常营巢于乔木以及灌木丛中。

（3）棕噪鹛：杂食性，主要以昆虫为食；主要栖息于海拔较高的山地森林，尤以林下植物发达、阴暗、潮湿和长满苔藓的岩石地区较常见；常单独或成小群活动，性羞怯、善隐藏，但在黄山上不大惧人；善鸣叫，繁殖期间鸣声亦甚委婉动听，富有变化。常筑巢于矮低乔木枝丫上。

（4）烟腹毛脚燕：主要以昆虫为食；主要栖息于海拔 1500 米以上的山地悬崖峭壁处，尤其喜欢栖息和活动在人迹罕至的荒凉山谷地带；常成群栖息和活动；善飞行，在空中捕食飞行性昆虫；通常营巢于悬崖凹陷处或陡峭岩壁石隙间，也营巢于桥梁、废弃房屋墙壁等人类建筑物上，常成群营巢。

5. 撰写自己的自然观察笔记

【背景材料】

自然笔记，让观察者以手写、绘画等自由形式，记录自己在自然中观察到的事物，在自主学习探究的过程中感受自然，收获启迪。旨在引导中小学生用心观察大自然，记录大自然，进而让学生更加关注自然、激发学生对大自然的探索精神。

自然笔记并非绘画作品，也并不是只有绘画基础的人才能做自然笔记。自然观察笔记重点在于笔记，在记录对大自然的认识。作者对自然独特的思考和感悟才是自然观察笔记的精髓。另外，对于作者的语言组织能力、表达准确度、绘画技巧等都是进一步的练习和提升。

自然笔记 指在进行自然观察过程中，观察者以各种形式记录自己观察到的各类群生物的各种信息，如鸟类的外形、颜色、叫声等，甚至可以是自己当时的心情和想法。

三、物资准备

携带物品	品名	备注
衣物	遮阳帽、雨衣	不可穿过于鲜艳颜色的衣服
药品	治疗蚊虫叮咬、创伤等	
生活用品	食品、水、纸巾、塑料袋等	适当增加水分和盐分摄入
学习工具	研学资料、纸张、笔	观鸟手册或手机软件
考察工具	相机、双筒望远镜等	走路不拍照，注意安全
定位及通信工具	带导航地图功能的手机	
其他		

四、研学路线

【推荐路线】

第一天：南大门换乘中心（白头鹎、棕背伯劳）—云谷寺（白鹇）—白鹅岭（小鳞胸鹪鹛、普通朱雀）—光明顶（烟腹毛脚燕、棕褐短翅莺、黄腹山雀、栗头鹟莺、晚霞）

第二天：光明顶（日出）—迎客松（白鹇、三宝鸟、领雀嘴鹎、冠纹柳莺）—半山寺（棕颈钩嘴鹛、黑领噪鹛、红头穗鹛、大山雀、蓝鹀）—温泉酒店（大拟啄木鸟、斑姬啄木鸟、灰喉山椒鸟、栗背短脚鹎）—南大门换乘中心

第三天：温泉酒店—浮溪（纯色山鹪莺、黑眉柳莺、银喉长尾山雀）—谭家桥（凤头鹰、黄喉鹀、灰头麦鸡、鹰雕、橙腹叶鹎）—新安江（斑鱼狗、冠鱼狗、小云雀、白鹡鸰、黄腹鹨）—温泉酒店

五、安全注意事项

1. 以小组为单位结伴而行，听从老师指挥，严格遵守时间。

2. 每次活动后，组长及时清点人数。如遇特殊情况，及时向老师汇报。

3. 研学活动是在山区附近进行，要遵守纪律，保持联系，注意安全。

4. 在景点参观时注意保护文物古迹，不要随意刻画。

5. 保护景区设施和植被，保持卫生整洁，不随地扔垃圾。

6. 不要随意靠近悬崖、水域等危险区域，严禁私自活动。

六、研学成果展示

从下列几点中任选一点，进行研学成果展示。

1. 说说自己的观鸟心得体会，如怎么有效地观鸟？遇到很想看但是一直躲在隐蔽处不出来的鸟该怎么办？使用观鸟设备时你有没有遇到什么困惑或不便？

2. 展示自己拍摄到、录制到、文字描述的、绘画出的鸟类，说说自己是在什么生境记录到的这种鸟类，它叫什么名字？有什么有趣的行为？

3. 与大家分享自己通过本次活动认识的"鸟朋友"。

参考文献

[1] 丁平，张正旺，梁伟. 中国森林鸟类［M］. 长沙：湖南科学技术出版社，2019.

[2] 段文科，张正旺. 中国鸟类志上卷：非雀形目［M］. 北京：中国林业出版社，2017.

[3] 段文科，张正旺. 中国鸟类志下卷：雀形目［M］. 北京：中国林业出版社，2017.

[4] 林清贤，尹莺，钱阳平. 黄山鸟类［M］. 北京：中国环境出版社，2019.

[5] 林文宏，郑司维. 猛禽观察图鉴［M］. 台北：远流出版社，2020.

[6] 刘克襄. 望远镜里的精灵［M］. 上海：上海译文出版社，2000.

[7] 刘阳，陈水华. 中国鸟类观察手册［M］. 长沙：湖南科学技术出版社，2021.

[8] 韩联宪，杨亚非. 中国观鸟指南［M］. 昆明：云南教育出版社，2000.

[9] 黄山风景区管理委员会. 黄山珍稀动物［M］. 北京：中国林业出版社，2006.

[10] 蕾切尔·卡森. 寂静的春天［M］. 庞洋，译. 北京：台海出版社，2015.

[11] 钱阳平. 安徽省黄山市黄山区域鸟类资源调查［J］. 安徽科技，2018（03）：40－42.

[12] 徐亚君. 黄山市野生动物资源论证［J］. 黄山学院学报，1997（01）：1－11.

[13] 约翰·马敬能，卡伦·菲利普斯，何芬奇. 中国鸟类野外手册［M］. 长沙：湖南教育出版社，2000.

[14] 郑光美. 鸟类学：第2版［M］. 北京：北京师范大学出版社，2012.

[15] 郑光美. 中国雉类［M］. 北京：高等教育出版社，2015.

[16] 郑光美. 中国鸟类分类与分布名录：第三版［M］. 北京：科学出版社，2017.

[17] 郑光美，马志军，陈水华. 中国海洋与湿地鸟类［M］. 长沙：湖南科技出版社，2018.

[18] 郑作新，钱燕文. 安徽黄山的鸟类初步调查［J］. 动物学杂志，1960（01）：12－16.

[19] 朱曦，宋厚辉. 华东鸟类学研究［M］. 北京：科学出版社，2018.

[20] Gibson LJ. Woodpecker pecking：How woodpeckers avoid brain injury［J］. Journal of Zoology，2006，270（3）：462－465.